数字媒体技术与创作系列教材
编撰委员会

主　编：董武绍

副主编：袁南辉

委　员：曹育红　孙　墀　吴天生

　　　　许晓安　赵　玉　朱　姝

　　　　李端强

数字媒体技术与创作系列教材

主编 董武绍　　副主编 袁南辉

The Technology and
Creation of Multimedia

多媒体技术与创作

许晓安　谢运佳　编著

暨南大学出版社
JINAN UNIVERSITY PRESS

中国·广州

图书在版编目（CIP）数据

多媒体技术与创作/许晓安，谢运佳编著 . —广州：暨南大学出版社，2011. 10
（数字媒体技术与创作系列教材）
ISBN 978 - 7 - 81135 - 934 - 3

Ⅰ. ①多…　Ⅱ. ①许…②谢…　Ⅲ. ①多媒体技术—教材　Ⅳ. ①TP37

中国版本图书馆 CIP 数据核字（2011）第 159366 号

出版发行：暨南大学出版社

地　　址：中国广州暨南大学
电　　话：总编室（8620）85221601
　　　　　营销部（8620）85225284　85228291　85228292（邮购）
传　　真：（8620）85221583（办公室）　　85223774（营销部）
邮　　编：510630
网　　址：http：//www. jnupress. com　http：//press. jnu. edu. cn

排　　版：暨南大学出版社照排中心
印　　刷：佛山市浩文彩色印刷有限公司

开　　本：787mm×960mm　1/16
印　　张：16. 25
字　　数：319 千
版　　次：2011 年 10 月第 1 版
印　　次：2011 年 10 月第 1 次
印　　数：1—3000 册

定　　价：33. 00 元

（暨大版图书如有印装质量问题，请与出版社总编室联系调换）

前　言

《多媒体技术与创作》是数字媒体技术与创作系列教材中的一部。全书以多媒体软件项目管理的思想和软件工程学的方法为指导，以一个综合的网络型多媒体教学软件的设计和创作为目标，结合作者长期的实践经验，理论联系实践，以创作为重点，系统讲述了图形图像、声音、动画和视频等多媒体素材的制作和多媒体软件项目创作的知识、方法与技能。

《多媒体技术与创作》全书共 9 章。第 1 章为多媒体技术概述，分别阐述了多媒体技术的基本概念、特性、硬件平台、软件平台和主要应用领域，并简要介绍了多媒体技术的发展历史、发展现状和发展趋势；第 2 章为多媒体软件技术基础，主要介绍了文本技术、图形图像技术、动画技术、音频技术、视频技术、超文本与超媒体技术、动态 Web 技术、多媒体数据库技术、Web 数据库技术等多媒体软件技术方面的基础知识；第 3 章为多媒体软件项目管理与软件工程，分别阐述了项目、多媒体软件项目、项目管理和软件工程的定义，并重点讲述了在多媒体软件项目中运用项目管理的思想和软件工程的方法，来指导多媒体软件项目的设计和开发的过程；第 4 章为多媒体软件界面设计基础，主要介绍了多媒体软件的界面构成要素、界面设计原则、交互控制界面设计、内容信息界面设计、界面设计中色彩的运用以及界面设计评价等方面的内容，重点是界面设计中色彩的运用；第 5 章为图形图像素材的制作，首先简要介绍了常用的图形图像素材的制作途径，接着简要介绍了 HyperSnap – DX 的基本使用以及如何用扫描仪获取图像，重点是通过大量实例，详细讲解了主流图形图像工具 Photoshop 的基本使用；第 6 章为动画素材的制作，在简要介绍了动画素材制作途径的基础上，重点介绍了 Flash 动画的特点与制作步骤、Flash 软件的基本使用、Flash 动画的制作，以及导出动画等方面的知识与技能；第 7 章为音频素材的制作，在简要介绍了音频素材制作途径的基础上，先简要介绍了 Windows 系统中"录音机"工具软件的基本使用，接着重点讲解了 Sound Forge 专业化数字音频处理软件的基本使用；第 8 章为视频素材的制作，在简要介绍视频素材制作途径的基础上，先简要介绍了超级解霸的基本使用，接着重点讲解了 Premiere 专业化数字视频处理软件的基本使用；第 9 章为多媒体软件工程项目的创作，在简要介绍网页基础知识的基础上，结合多媒体项目管理的思想和软件工程的方法，重点讲解了 Dreamweaver 的基本操作与创作技巧，同时，对标准的 HTML 语言也进行了介绍。

通过本书的学习，读者既能学习到多媒体素材制作和多媒体软件设计与创作的思路与方法，又能够学会主流的多媒体素材制作工具和多媒体软件开发工具的综合使用。

本书第 1、2、4、5、6、7、8 章由许晓安编写，第 3 章由谢运佳编写，第 9 章由许晓安、谢运佳共同编写，蓝丽萍参与制作了本书的部分素材与案例，以及整理了中期部分文稿，全书由许晓安和董武绍负责统稿。

本书的出版，得到了暨南大学出版社的大力支持，杜小陆同志一直关注和指导着编写工作，对此我们深表感谢。

本书参阅了大量的著作、刊物和网站参考文献，在此，也一并向这些作者表示衷心的感谢！

由于编写时间匆促，加之作者水平有限，缺点和错误在所难免，欢迎读者批评指正。

编著者

2011 年 6 月

目　录

The Technology and Creation
of Multimedia

.

.

.

.

.

.

THE TECHNOLOGY AND CREATION OF MULTIMEDIA

The Summation of the Multimedia Technology

第 1 章

多媒体技术概述

本章分别阐述了多媒体技术的基本概念、特性、硬件平台、软件平台和主要应用领域。最后，简要介绍了多媒体技术的发展历史、发展现状和发展趋势。通过本章的学习，读者基本上可以初步了解本课程内容的概貌。

【本章学习要点】

本章重点选择了基本概念、特性、硬件平台、软件平台和应用领域等主要方面来进行介绍。此外，适当了解一门技术的发展历史、发展现状、发展趋势与研究热点等方面的知识，对学习也是有很大帮助的，特别是有利于培养对这门技术的学习兴趣，因此，本章也介绍了这方面的相关知识。多媒体技术的发展速度非常快，教材内容有一定的滞后性，因此，建议读者经常上网了解与学习。

【本章内容结构】

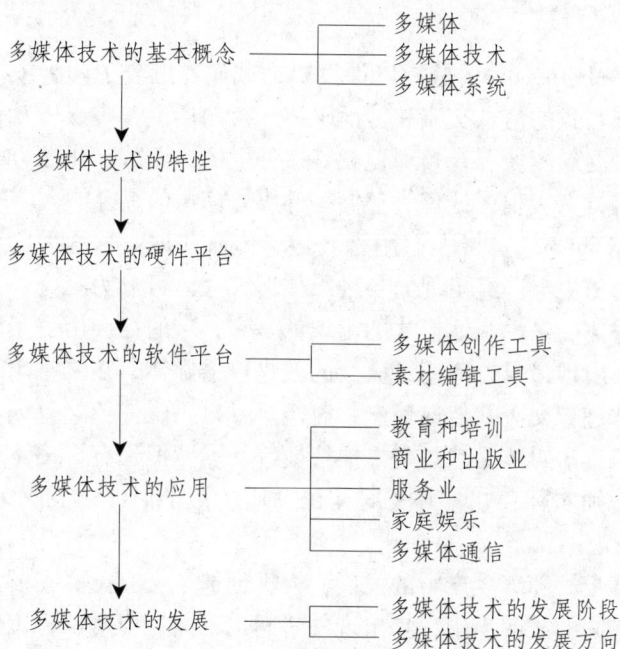

```
多媒体技术的基本概念 ┬── 多媒体
                   ├── 多媒体技术
                   └── 多媒体系统
          │
          ▼
多媒体技术的特性
          │
          ▼
多媒体技术的硬件平台
          │
          ▼
多媒体技术的软件平台 ┬── 多媒体创作工具
                   └── 素材编辑工具
          │
          │         ┌── 教育和培训
          │         ├── 商业和出版业
          ▼         │
多媒体技术的应用 ────┼── 服务业
                   ├── 家庭娱乐
                   └── 多媒体通信
          │
          ▼
多媒体技术的发展 ┬── 多媒体技术的发展阶段
               └── 多媒体技术的发展方向
```

1.1 多媒体技术的基本概念

"多媒体"一词，读者基本上耳熟能详。多媒体一般被理解为"多种媒体的综合"，因而，多媒体技术也就是"进行多种媒体综合的技术"。多媒体技术的发展大大拓展了计算机的使用领域，使计算机由办公室、实验室中的专用产品变成了信息社会的普通工具。显然，读者要想知道什么是多媒体技术，首先应该了解什么是多媒体。

1.1.1 多媒体

一般认为，多媒体（Multimedia）是指以计算机为载体，融合了两种或者两种以上媒体的一种人机交互式的信息交流和传播媒体。换句话说，多媒体就是利用计算机将文本、动画、图形图像、音频和视频等多种媒体，以数字化的方式集成在一起，从而使计算机具有表现、处理、存储多种媒体信息的综合能力。

媒体一词源于英文 Medium，是指人们用来表达、传播各种信息的手段和渠道，是信息的载体。人类历史上曾经出现的各种媒体形式大体可分为三类：口语媒体、文字媒体和数字媒体。各种媒体形式的出现都是和一定的社会历史条件相关联的。在各种媒体中，出现最早、应用最广泛的就是口语媒体，在文字出现以前人们就开始用口语媒体进行交流并传递信息，时至今日口语媒体依然是人与人之间最主要的交流方式。口语媒体虽然具有方便快捷等优点，但也有许多不足之处，比如作者和听众都必须实际存在，并及时作出反应；易于消失；不便保存；不便于传递等。

正是为了克服这些不足，随着生产力的发展，人类创造了文字。文字的出现是一个漫长的过程。在不同的文明当中，它出现的时间也不同，但可以肯定的是文字的出现为人类社会带来了诸多方便。比如文字媒体的作者和读者都不必实际出现，文字可以在人与人之间传阅，并且是可见的、永久的。

但是由于种种原因，不论是口语媒体还是文字媒体，它们的表现力都是十分有限的。随着计算机的出现，一种集合了多种媒体优势，更为直观和快捷且不受时间和空间影响的全新的数字媒体很快出现在人们面前，这就是多媒体。多媒体与以往的各种媒体相比有着显而易见的优势，首先多媒体集合了文字、图形图像、动画、声音、视频等多种媒体，可以将各种信息以最便捷、直观的形式传达给受众；其次在多媒体中作者与读者虚拟存在，在技术条件允许的情况下读者可以根据自己的需要有选择地了解信息，作者也可以响应读者的反应；再次，多媒体使人们可以更为方便地获取所需的信息，足不出户便可得到自己想要的信息。

1.1.2 多媒体技术

从以上关于"多媒体"概念的讨论中可以看出，所谓多媒体技术，即是通过计算机综合处理和控制文本、图形图像、声音、动画和视频等多媒体信息，使多种信息建立逻辑链接，并集成一个系统，能支持完成一系列交互式操作的信息技术。简言之，多媒体技术就是具有集成性、实时性和交互性的计算机综合处理声文图信息的技术。在我国，也有学者将其定义为"能对多种载体上的信息和多种存储体上的信息进行处理的计算机技术"。由此可见，多媒体技术所涉及的对象是计算机技术的产物，而其他的单纯事物，如电影、电视、音响等，均不属于多媒体技术的范畴。该系统也就是人们常说的多媒体系统。

计算机技术的发展经历了早期的传统计算机技术时代和当前的网络计算机时代。在传统计算机技术时代，由于需要将不同的媒体数据表示成统一的结构码流，然后对其进行变换、重组和分析处理，以进行进一步的存储、传送、输出和交互控制，所以，多媒体关键技术主要集中在以下四类：数据压缩技术、大规模集成电路（VLSI）制造技术、大容量的光盘存储器（CD – ROM）、实时多任务操作系统。因为这些技术取得了突破性的进展，多媒体技术才得以迅速发展，成为像今天这样具有强大的处理文本、图形图像、声音、动画和视频等媒体信息能力的综合实用技术。

在当前的网络计算机时代，随着互联网技术的不断发展，基于互联网的多媒体关键技术，已涉及信息数字化处理技术、数据压缩和编码技术、高性能大容量存储技术、多媒体网络通信技术、多媒体系统软硬件核心技术、多媒体同步技术、超文本超媒体技术、人机交互技术、虚拟空间技术等众多领域，并发展成为综合这些领域的一门新兴交叉学科。

1.1.3 多媒体系统

前文已提到，具备综合处理多媒体信息能力的系统就是多媒体系统。一般认为，多媒体系统有四个组成部分，分别是多媒体计算机硬件系统、多媒体操作系统、多媒体开发系统以及多媒体应用系统。

1. 多媒体计算机硬件系统

所谓硬件系统，是指构成多媒体计算机的物理设备，包括计算机硬件、声音/视频处理器、多种媒体输入/输出设备及信号存储与转换装置、通信传输设备及接口装置等所有硬件设备以及由这些设备构成的一个多媒体硬件环境。其中，最重要的是根据多媒体技术标准而研制成的多媒体信息处理芯片、光盘驱动器等。硬件系统是整个系统的最底层，它好比一个箱子，是其他系统的载体和物质基础。

2. 多媒体操作系统

多媒体操作系统是多媒体软件的核心系统，具有实时任务调度、多媒体数据转换、设备和驱动同步控制，以及图形用户界面管理等功能，此外，还能够提供基本的多媒体软件开发环境。多媒体操作系统一般是专门为多媒体系统而设计，或是在已有操作系统的基础上扩充和改造而成的。当前，在多媒体计算机上运行的多媒体操作系统，使用最广泛的是 Microsoft 公司的 Windows NT/2000/2003/XP 操作系统。

3. 多媒体开发系统

多媒体开发系统包括多媒体创作工具和多媒体素材编辑工具。多媒体创作工具又称多媒体制作工具，它通常是为多媒体开发人员提供组织编排多媒体素材和连接形成多媒体应用系统的工具软件。常见的多媒体创作工具包括以图标为基础的多媒体创作工具、以时间轴为基础的多媒体创作工具、以页为基础的多媒体创作工具以及以程序设计语言为基础的多媒体创作工具等。多媒体素材编辑工具通常是由各种采集和编辑多媒体素材信息的工具软件所构成。

4. 多媒体应用系统

多媒体应用系统是根据多媒体系统终端用户的要求而开发的应用软件或面向某一领域的行业应用软件，是由多媒体开发人员利用多媒体开发系统制作的多媒体产品。

1.2　多媒体技术的特性

多媒体技术主要有以下几个主要特性：多样性、数字性、集成性、控制性、交互性、非线性与动态性。

（1）多样性：多样性一方面指多样性的信息，另一方面，信息载体也随之多样化。多样化的信息载体包括：磁盘介质、磁光盘介质和光盘介质等物理介质载体，以及人类可以感受的图形、图像、声音、视频、动画等媒体。多种信息载体使信息在交换时有更灵活的方式和更广阔的自由空间。

（2）数字性：把分散的、不同性质和特点的各种媒体信息读入计算机，才能进行加工和整合。计算机对各种媒体信息进行数字化的处理后，就能对其进行存储、加工、控制、编辑、交换、查询和检索等操作。

（3）集成性：以计算机为中心综合处理多种信息媒体，包括信息媒体的集成和处理这些媒体的设备的集成。信息媒体的集成如文本、图形图像、声音、视频和动画等的集成，这些媒体在多任务系统下能够很好地协同工作，有较好的同步关系。

（4）控制性：以计算机为中心，综合处理和控制多媒体信息，并按人的要求以多种媒体形式表现出来，同时作用于人的多种感官。当用户给出操作命令时，相应的多媒体信息都能够得到实时控制。

（5）交互性：交互性是多媒体应用有别于传统信息交流媒体的最大特点。传统信息交流媒体只能单向地、被动地传播信息，而多媒体技术则可以实现人对信息的主动选择和控制。它可以形成人与机器、人与人及机器之间的互动交流的操作环境及身临其境的场景，用户可以根据需要进行控制。

（6）非线性：多媒体的信息结构形式一般是一种超媒体的网状结构，它改变了人们传统一页一页循序渐进的读写模式。非线性网状结构借助超文本链接的方法为用户浏览信息、获取信息及多媒体的制作带来了极大的便利。

（7）动态性："多媒体是一部永远读不完的书"，用户可以按照自己的目的和认知特征重新组织信息，增加、删除或修改节点，重新建立链接。

由于多媒体技术具有如上所述的主要特性，使得用户可以按照自己的需要、兴趣、任务、要求、偏爱和认知特点来获取图、文、声、像等信息形式，使用非常便捷。

1.3　多媒体技术的硬件平台

多媒体技术的硬件平台是指多媒体系统中的计算机硬件系统。

在多媒体计算机之前，传统的微机或个人机处理的信息往往局限于文字和数字，同时，由于人机之间的交互只能通过键盘和显示器等简单终端，故交流信息的途径缺乏多样性和交互性。为了改进人机交互的接口，使计算机能够集文、图、声、像处理于一体，1990 年 11 月，Microsoft 和 Philips 等 14 家厂商共同召开了多媒体开发者会议，会上制定了多媒体个人计算机（MPC）系统的行业标准：MPC1.0，标准中给出了硬件系统的最低要求和建议配置。

由于计算机软硬技术的飞速发展，现今看来，该标准中的硬件系统的最低要求和建议配置已经非常低，但其指导思想还是适用的。依据该标准，为了处理多种媒体数据，可以在普通计算机系统的基础上，适当增加一些硬件设备构成MPC。一般来说，MPC 由计算机传统硬件设备、光盘存储器、音频信号处理子系统、视频信号处理子系统构建而成，具体来说，包括：

（1）新一代的处理器（CPU）。高性能的计算机主机 CPU 芯片（586 以上的 CPU 芯片）对于多媒体大量数据的处理是至关重要的，可以完成专业级水平的各种多媒体的制作与播放，建立可制作或播出多媒体的主机环境。

（2）光盘存储器（CD－ROM，DVD－ROM）。多媒体信息的数据量庞大，仅靠硬盘存储空间是远远不够的，多媒体信息内容大多来自于 CD－ROM、DVD－ROM。因此，大容量光盘存储器成为多媒体系统必备标准部件之一。

（3）音频信号处理子系统，包括声卡、麦克风、音箱、耳机等。其中，声卡是最为关键的设备，它含有可将模拟声音信号与数字声音信号互相转换（A/D 和 D/A）的器件，具有声音的采样与压缩编码、声音的合成与重放等功能，通过插入主板扩展槽与主机相连。

（4）视频信号处理子系统。它具有静态图像或影像的采集、压缩、编码、转换、显示、播放等功能，如图形加速卡、MPEG 图像压缩卡等。视频采集卡也是通过插入主板扩展槽与主机相连，通过卡上的输入/输出接口与录像机、摄像机、影碟机、电视机等连接，使之能采集来自这些设备的模拟信号信息，并以数字化的形式在计算机中进行编辑或处理。

（5）其他交互设备。例如鼠标、游戏操作杆、手写笔、触摸屏等，这些设备有助于用户和多媒体系统交互信息，控制多媒体系统的执行等。

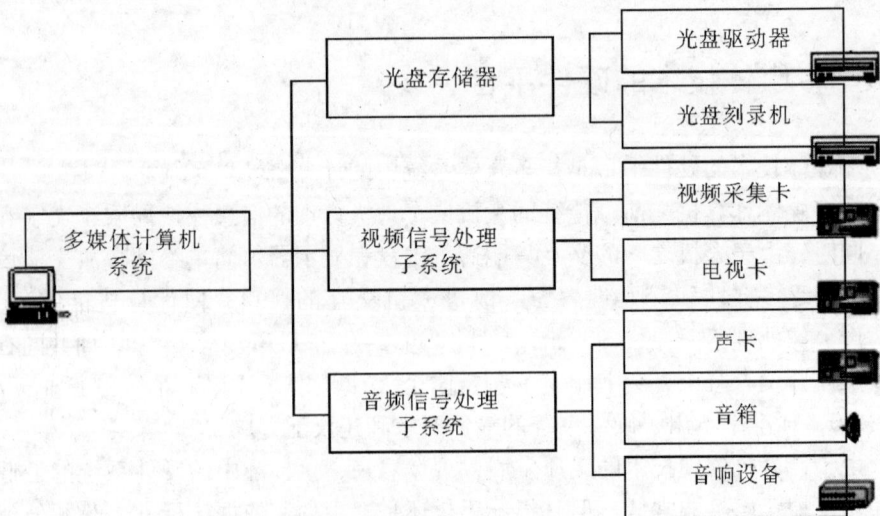

多媒体计算机配置示意图

事实上，现在用户在市场上所购买的个人电脑几乎都是多媒体计算机。

1.4　多媒体技术的软件平台

　　多媒体技术的软件平台是指多媒体系统中的多媒体操作系统、多媒体开发系统以及多媒体应用系统。前文已述，多媒体操作系统是多媒体系统的核心，多媒体开发系统包括多媒体创作工具和素材编辑工具，多媒体应用系统是根据多媒体系统终端用户要求而定制的应用软件或面向某一领域的行业应用软件系统。这里，重点讨论多媒体创作工具和素材编辑工具。

1.4.1　多媒体创作工具

　　多媒体创作工具是指利用程序设计语言，调用多媒体硬件开发工具或函数库来实现，并能被用户方便地编制程序，组合各种媒体，最终生成多媒体应用系统的工具软件。多媒体创作工具主要分为以下几类：

　　（1）以图标为基础的多媒体创作工具，数据以对象或事件的顺序来组织，并以流程图为主干，将各种图标、声音、视频和按钮等连接在流程图中，形成完整的系统，例如 Authorware。

　　Authorware 是一种典型的用来创作与发行互交式与学习型的软件开发工具，众多的开发者用它来进行教育训练、教学多媒体的应用开发。这是一种特别适合于一般用户使用的创作方式。Authorware 支持 ActiveX、Oracle Video Server、Flash、媒体元素浏览器以及许多图形图像格式（BMP、DIB、GIF、JPEG、Photoshop3、PNG、TARGA 等），并能以这些图形图像的原始格式来处理压缩。

　　（2）以时间轴为基础的多媒体创作工具，数据或事件以时间顺序来组织，以帧为单位，例如 Flash、Director。

　　Flash：广泛应用于网页互交多媒体动画设计的工具软件，具有提供各种创建原始动画素材的功能，可将图形图像生成逐帧动画，支持多种文件格式（能导入/导出位图、视频、音频等媒体文件）和通用的浏览器，功能强大。

　　Director：以总谱为基础，以角色和帧为对象的多媒体创作工具。角色是指所有要单独控制的素材，包括声音、文本、图形图像、调色板、视频、动画和按钮，都作为角色统一管理。

　　（3）以页面为基础的多媒体创作工具，这类创作工具按照类似于书的页面来组织和管理，具有出色的超文本和超媒体功能。例如 ToolBook、PowerPoint 等。

　　ToolBook：脚本模式的应用程序可以被想象成一本有许多页的书，每页是展示在它自己窗口中的一个画面，它包括许许多多媒体对象（图形按钮等）和大量的交互信息。页是比 PowerPoint 更丰富的一种结构，并且可以在一页之内进行互交。

PowerPoint：一种最简单实用的基于页面的创作工具软件。每一个画面可以看成是一个页面，可以分别进行生成编辑和排列。

（4）以传统的编程语言为基础的多媒体创作工具，例如 Visual C ++、Visual Basic、Java、Delphi 等。这类创作通常基于窗口编辑模式，窗口是屏幕上的一个与用户互交的对象。在窗口的所有控件和对象都是通过窗口来接收控制。

1.4.2　素材编辑工具

多媒体素材编辑工具主要用于采集、整理和编辑各种媒体数据。它主要包括：

（1）文本编辑工具：主要进行编辑排版、识别等文字处理。常用的文字处理工具主要有 Word、WPS、Notebook（记事本）、Writer（写字板）、OCR（光学字符识别）等。

（2）图形图像工具：主要进行图形图像采集、图形图像编辑、图像压缩捕捉等图形图像处理，常用的图形图像处理工具主要有 Photoshop、Illustrator、CorelDraw、AutoCAD、Freehand、PhotoDeluxe、PageMaker 等。

Photoshop：主要用于图像设计、编辑与处理，功能强大，是使用最多的一种图形图像工具软件；

Illustrator：主要用于产品包装、网页图形、演示、标志设计、文字处理、工程绘图等；

CorelDraw：矢量图形图像软件，广泛用于企业形象设计、广告设计和印刷设计等。

AutoCAD：矢量图形图像软件，广泛用于机械设计、建筑设计等；

Freehand：矢量图形制作软件，使用也非常广泛。

（3）音频工具：主要进行音频播放、音频剪辑、音频录制等声音处理。常用的音频工具软件主要有 CoolEditPro、GoldWave、Cake Walk Pro Audio、Wave Studio、Sound Edit、超级解霸等。

CoolEditPro：一种功能很强的数字音频处理软件，提供了多轨编辑、数字信号处理（DSP）等功能，支持 WAV、MP3、AU、MPEG、MOV、AVI 等众多的音频格式；

GoldWave：一种小巧好用的数码录音及编辑软件，除具有许多效果处理外，还有文件格式转换功能，支持多种声音格式，如 WAV、MP3、AU、MPEG、

MOV、AVI 等；

Cake Walk Pro Audio：是目前流行的专业工具制作软件，可以用来作曲、配器、演奏、录音、合成等，功能十分强大。

（4）动画工具：主要进行动画显示、动画编辑等动画处理。动画通常分为二维动画和三维动画。二维动画可以实现平面上的一些简单动画，常见软件包括 GIF Construction Set、Animator Studio 等。三维动画可以实现三维造型、各种具有真实感的物体模拟等，常见软件包括 Xara3D、3D Studio Max 等。

GIF Construction Set：一种能处理和创建 GIF 格式文件的功能强大的工具，能快速专业地为网页创建 GIF 文件；

Xara3D：一种 3D 图形工具软件，可用于制作高质量的三维动画，全面支持中文；

3DS Studio Max：一种功能强大，广泛应用于三维动画的编辑软件。

（5）视频工具：主要进行视频显示、视频编辑、视频压缩、视频捕捉等视频处理。视频信息通常经过视频采集卡从录像机或电视等模拟视频源上捕捉视频信号，在视频编辑软件中，与其他素材一起进行编辑和处理，最后生成高质量的视频剪辑。常用的视频工具软件主要有 Media Studio Pro、Premiere、Video for Windows 和 Digital Video Producer 等。

Media Studio Pro（中文版）：功能强大的专业桌面数码视频编辑软件，提供一套视频捕捉、编辑及特效制作等艺术解决方案；

Premiere：功能强大的视频编辑软件，提供了编辑、特技处理、剪辑等视频编辑功能，也是静态图像和声音处理的工具。

（6）播放工具：主要用于显示、浏览或播放图像、音频、视频等多媒体数据。常用的播放工具软件主要有 Media Player、ACD See、超级解霸等。

Media Player（媒体播放器）：Windows 操作系统内置的媒体播放器，主要用于控制多媒体设备并播放多媒体文件，如音乐、动画、视频等；

ACD See：一种图像浏览工具，支持 BMP、GIF、JPEG、TGA 等多种常见的图形图像文件格式，图片打开速度极快；

超级解霸：一款强大的万能音视频播放工具。

1.5 多媒体技术的应用

多媒体技术的出现，为计算机行业的发展带来了巨大的变化，也为人们的学习和生活带来了极大的方便。随着多媒体技术的不断发展，它的应用已遍及教育、培训、商业、出版业、服务业、家庭、娱乐、多媒体通信等社会生活的各个领域。

1.5.1　教育和培训

教育和培训可以说是最需要多媒体的场合。带有音乐、动画和视频的多媒体软件，不仅更能吸引学生的注意力，也可以使学生身临其境般学习过去的知识、体验别人的感受，顿时将抽象、难理解的概念转变为具体、生动的图片和动画，既减少了学习困难，也提高了教学效果。

当多媒体技术与网络技术相结合时，可将传统的以校园教育为主的教育模式，变为以家庭教育为主的教育模式，是更能适应现代社会发展的教育新方式，使得教育和培训逐步走向家庭。这种新的受教育模式，使被教育者不仅能学到图、文、声、像并茂的新知识、新信息，也可在家跨越时间和国界，学到国际上各种最新的知识。

1.5.2　商业和出版业

在商业上，多媒体可用于商品展示和展览会。比如，百货公司利用多媒体，让消费者通过触摸屏就可了解商场中商品的具体形态，从而起到商品广告、导购、指导消费的作用。

近年来，我们经常听到电子杂志这个词，这是出版商利用多媒体将一些历史人物、文学传记、剧情评论以及采访录像等信息，存入电子出版物中发行，使得用户能够方便地阅读和剪贴其中的内容，将它们排版到报纸、杂志或文章中。利用这种方法在网上进行宣传，可使某个人物或某著作更能引起公众的瞩目。

1.5.3　服务业

以多媒体为主体的综合医疗信息系统，已经使医生远在千里就可为病人看病，病人不仅可身临其境地接受医生的询问和诊断，还可从计算机中及时地得到处方。因此，不管医生身处何方，只要家中的多媒体机已与网络相连，人们在家就可从医生那里得到健康教育和医疗等指导。

在医院里，专家们使用终端和医疗信息中心相连，得到患者的各种资料，以此作为医疗和手术方案的实施依据，这不仅为危重病人赢得了宝贵的时间，同时也使专家们节约了大量的时间和精力。对于实习或年轻的医生，还可使用多媒体软件学习人体组织、结构和临床经验等。

在家居设计与装潢业，房地产公司使用多媒体不仅可以展现整个居室的平面结构，还可把购房人带到"现场"，让他们直观地看到整幢房屋的室外和室内情况。

1.5.4　家庭娱乐

在家里，人们可以自行制作出工作和家庭生活的多媒体记事簿，将工作经历、值得留念的事件等记录下来，以供他人和子女欣赏、借鉴。而对于人人熟知的多媒体游戏，更是以其动听悦耳的声音、别开生面的场景，极大地赢得了成年人和儿童的欢心。目前，针对家庭用户还出版了许多多媒体电子地图。在电子地图中既有世界上每个国家的地理位置、相应的人口、国土面积，还有该国的风俗习惯、当地方言等。电子地图与普通地图相比的优点是，可以精确到每一个城镇中的每一条街道，这不仅为在当地旅游的游客提供了方便，还使坐在计算机旁的异国他乡的"游客"足不出户就可同样领略到当地的民俗与风貌。

1.5.5　多媒体通信

采用多媒体视听会议，同时进行数据、话音、有线电视等信号的传输，不仅使与会者共享图像和声音信息，也共享存储在计算机内的有用数据，这对于相互合作尤为实用。特别是对于已在网络上的每个与会者，他们都可通过计算机窗口来建立共享会议的工作空间，互相通报和传递各种多媒体信息。

1.6　多媒体技术的发展

1.6.1　多媒体技术的发展阶段

按照时间先后关系，大致可以将多媒体技术的发展分为三个阶段。

1. 启蒙阶段

多媒体技术的一些概念和方法起源于 20 世纪 60 年代。1965 年，泰德纳尔逊（TedNelson）在计算机上处理文本文件时提出了一种把相关文本组织在一起的方法，并为这种方法杜撰了一个词，称为"hypertext"（超文本）。与传统的方式不同，超文本以非线性方式组织文本，使计算机能够响应人的思维以及能够方便地获取所需要的信息。互联网上的多媒体信息正是采用了超文本思想与技术，才组成了全球范围的超媒体空间。

多媒体技术实现于 20 世纪 80 年代中期。1984 年，美国 APPLE 公司在研制 Macintosh 计算机时，为了增加图形处理功能，改善人机交互界面，创造性地使用了位映射、窗口、图标等技术，这一系列改进所带来的图形用户界面深受用户的欢迎。同时，鼠标作为交互设备引入，配合图形用户界面的使用，大大方便了用户的操作。APPLE 公司在 1987 年又引入了"超级卡"，使 Macintosh 机成为易用、易学习、能处理多媒体信息的机器，一直受到计算机用户的赞誉。

1985 年，Microsoft 公司推出了 Windows，它是一个多用户的图形操作环境。1985 年，美国 Commodore 公司推出了世界上第一台真正的多媒体系统 Amiga，Amiga 机采用 MotorolaM68000 微处理器作为 CPU，并配置 Commodore 公司研制的三个专用芯片：图形处理芯片 Agnus8370、音响处理芯片 Pzula8364 和视频处理芯片 Denise8362。Amiga 机具有自己专用的操作系统，能够处理多种任务，并具有下拉菜单、多窗口、图符等功能。这套系统以其功能完备的视听处理能力、大量丰富的实用工具以及性能优良的硬件，使全世界看到了多媒体技术美好的未来。

1986 年，荷兰 Philips 公司和日本 Sony 公司联合推出了交互式压缩光盘系统 CD－I（Compact Disc Interactive），同时还公布了 CD－ROM 文件格式，并成为 ISO 国际标准。该系统把高质量的声音、文字、图形图像进行数字化，并可存入 650MB 的只读光盘上。

1987 年，美国 RCA 公司推出交互式数字视频系统 DVI（Digital Video Interactive）。该系统以 PC 技术为基础，用标准光盘存储和检索静态、动态图像，声音及其他数据。

2. *初期应用和标准化阶段*

20 世纪 90 年代以后，多媒体技术逐渐趋于成熟，应用领域不断扩大，所涉及的学科、行业越来越多，特别是多媒体技术走向产业化后，其产品的技术标准和实用化成为大家关注的问题。

1990 年，Microsoft 公司与多家厂商召开多媒体开发工作者会议，共同对多媒体技术的规范化管理制定了相应的技术标准，即多媒体个人计算机标准 MPC1，对多媒体计算机所需配置的软硬件规定了最低标准和量化指标。

1991 年，在第六届国际多媒体和 CD－ROM 大会上宣布了扩展结构体系标准 CD－ROM/XA，从而填补了原有标准在音频方面的空缺。

1992 年，Microsoft 公司推出了 Window 3.1 操作系统。它不仅综合了原有操作系统的多媒体扩展技术，还增加了多个多媒体功能软件（媒体播放器、录音机等），同时加入了一系列支持多媒体的驱动程序、动态链接库和对象链接嵌入（OLE）等技术。同年，在美国拉斯维加斯举行的 COMDEX 博览会上出现了两大热点：笔记本电脑和多媒体计算机，并在同年正式公布了 MPEG－1 数字电视标准，由活动图像专家组（Moving Picture Experts Group）开发制定。

1993 年，MPC 机在美国掀起热潮，各种多媒体产品不断出现，使人目不暇接，多媒体技术已进入突飞猛进的时代。多媒体个人计算机协会进一步发布了多媒体个人计算机标准 MPC2，使多媒体计算机的功能标准有了大幅度的提高。1995 年，MPC3 标准推出，使多媒体计算机的性能更进一步完善，人们在计算机上可以看到高品质的视频图像，也能听到 CD 音质的声音。之后，因多媒体功能成为 PC 机的基本功能，MPC 标准不再发布。

1993 年，美国伊利诺伊大学的美国国家超级计算机应用中心开发出第一个互联网浏览器 Mosaic。

1994 年，吉姆·克拉克（Jim Clark）和马克·安德森（Marc Andreesen）开发出互联网浏览器 Netscape。

静态图像的主要标准称为 JPEG 标准，它是专家组 JPEG（Joint Photographic Experts Group）建立的适用于单色、彩色及多灰度连续色调静态图像的国际标准。该标准于 1991 年通过，成为 ISO/IEC10918 标准，全称为"多灰度静态图像的数字压缩编码"。它不仅适用于静态图像的压缩，电视图像序列的帧内图像的压缩编码，也常采用此标准。

视频/运动图像的主要标准是国际标准化组织下属的一个专家组 MPEG（Moving Picture Experts Group）制定的五个标准 MPEG－1、MPEG－2、MPEG－4、MPEG－7 和 MPEG－21。与 MPEG－1、MPEG－4 等效的国际电信联盟（ITU）标准，在运动图像方面有用于视频会议的 H.261、用于可视电话的 H.263 等。

3. 蓬勃发展阶段

多媒体各种标准的制定和应用极大地推动了多媒体产业的发展。很多多媒体标准和实现方法已做到芯片级，并作为成熟的商品投入市场。1997 年 1 月，Intel 公司推出了具有 MMX 技术的奔腾处理器，使它成为多媒体计算机的一个新标准。

多媒体技术蓬勃发展的另一代表是 AC97（Audio Codec97）杜比数字环绕音响的推出。在视觉进入 3D 境界后，对听觉也提出了环绕及立体音效的要求。

随着网络及新一代消费性电子产品（如电视机顶盒、DVD、可视电话、视频会议等）的崛起，强调应用于影像及通信处理上最佳的数字信号处理器，经过结构包装，可由软件驱动的方式进入消费性的多媒体处理器市场。

1996 年，Chromatic Research 公司推出整合了 MPEG－1、MPEG－2、视频、音频、2D、3D 以及电视输出七合一功能的 Mpact 处理器，引起市场高度重视，现已推出 Mpact2 第二代产品，应用于 DVD、计算机辅助制造、个人数字助手和移动电话等新一代消费性电子产品市场。

与此同时，MPEG 压缩标准也得到推广应用，已开始把活动影视图像的

MPEG 压缩标准推广应用于数字卫星广播、高清晰电视、数字录像机以及网络环境下的视频点播（VOD）和 DVD 等各方面。

以 1997 年 1 月 Intel 公司推出的 MMX 奔腾处理器为标志，计算机的发展从此进入真正的多媒体时代。这一时代，各种新产品、新技术与新应用层出不穷。特别是流媒体技术和虚拟现实技术，正向各个应用领域快速延伸。

1.6.2 多媒体技术的发展方向

21 世纪将是多媒体技术飞速发展的世纪，也是多媒体应用不断拓展的世纪，多媒体技术会进一步深入到社会的各个领域中。视频压缩传输、模式识别、虚拟现实、多媒体通信等尖端技术的发展将会改变整个人类的生活方式。

1. 分布式、网络化、协同工作的多媒体系统

当前，有线电视网、通信网和因特网这三网正在日趋统一，各种多媒体系统尤其是基于网络的多媒体系统，如可视电话系统、点播系统、电子商务、远程教学和医疗等将会得到迅速发展。多媒体通信网络环境的研究和建立将使多媒体从单机单点向多点分布、协同工作的环境发展，在世界范围内建立一个可自由交互的通信网。一个多点分布、网络连接、协同工作的信息资源环境正在日益完善和成熟。

2. 三电（电信、电脑、电器）通过多媒体数字技术将相互渗透融合

多媒体技术的进一步发展将会充分地体现出多领域应用的特点，各种多媒体技术手段将不仅仅是科研工作的工具，而且还可以是生产管理的工具、生活娱乐的方式。例如信息家电新理念的提出，有人预测未来的家庭不必购买那么多名目的家用电器，而代之以一个多媒体系统。它能够提供比现在所有家用电器更多更强的服务功能，如欣赏声像图书馆的各种资料、向综合信息中心咨询、电子购物等。

3. 以用户为中心，充分发展交互多媒体和智能多媒体技术与设备

对于未来的多媒体系统，人类可用日常的感知和表达技能与其进行自然的交互，系统本身不仅能主动感知用户的交互意图，而且还可以根据用户的需求作出相应的反应，系统本身会具有越来越高的智能性。

4. 多媒体产品及多媒体技术的标准化

多媒体标准仍是研究的重点，各类标准的研究将有利于产品规范化，应用更方便。它是实现多媒体信息交换和大规模产业化的关键所在。

另外，多媒体技术与外围技术构造的虚拟现实研究仍在继续，多媒体虚拟现实与可视化技术需要相互补充，并与语音、图像识别、智能接口等技术相结合，

从而建立高层次虚拟现实系统。

总之，新一代的多媒体将是网络多媒体、交互多媒体、分布式多媒体、协同式多媒体及自适应多媒体等技术的融合。多媒体技术作为一种整体性的技术，它的研究和发展需要多方面专家的合作，它的完善与成熟将是多学科、多领域、多技术共同发展的结果。

【思考题】

1. 什么是多媒体？较之传统媒体，多媒体具有哪些优势？
2. 什么是多媒体技术？其主要特性有哪些？
3. 多媒体硬件系统由哪些部分组成？多媒体计算机至少需要配置哪些设备？
4. 多媒体软件系统主要包括哪些类型？试举例说明。
5. 多媒体创作工具主要有哪些类型？试举例说明。
6. 常用的素材编辑工具，除了本章所列，你还知道哪些？
7. 多媒体技术涉及哪些关键技术？
8. 结合自己的体会，说说在现实生活中有哪些多媒体应用。

【实训题】

通过上网查找资料等方式开展调研。调研重点：

1. 多媒体素材制作工具和多媒体软件创作工具常用的有哪些？你最想熟练掌握哪一个或哪几个？
2. 在多媒体应用热门技术中，你认为最有潜力和最有价值的有哪些？请列举，并详细说明原因。
3. 将你认为最好的多媒体技术专业网站推荐给其他同学。
4. 国内外多媒体技术的最新发展与应用情况。
5. 其他你认为值得推荐的学习内容。

THE TECHNOLOGY AND CREATION OF MULTIMEDIA

The Foundation of
the Multimedia
Software Technology

第 2 章

多媒体软件技术基础

本章主要介绍了文本技术、图形图像技术、动画技术、
音频技术、视频技术、超文本与超媒体技术、动态Web
技术、多媒体数据库技术、Web 数据库技术等多媒体
软件技术方面的基础知识。

【本章学习要点】

本章重点向读者介绍了文本、图形图像、动画、音频、视频等多媒体素材编辑和处理方面的基础知识，同时，也介绍了超文本与超媒体技术、动态 Web 技术、多媒体数据库技术、Web 数据库技术等素材综合处理与控制方面的基础知识。

【本章内容结构】

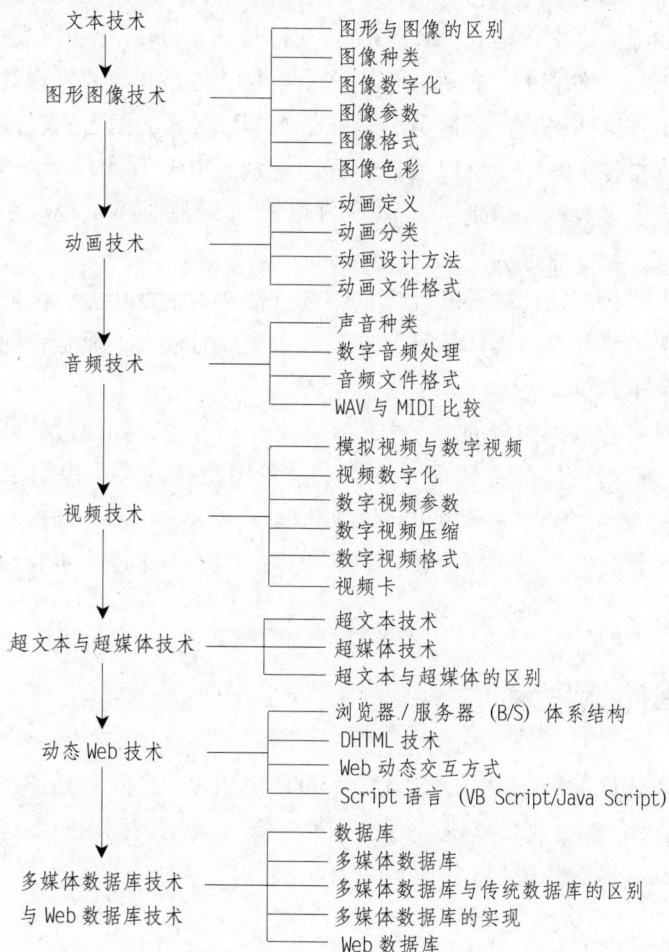

文本技术

图形图像技术
— 图形与图像的区别
— 图像种类
— 图像数字化
— 图像参数
— 图像格式
— 图像色彩

动画技术
— 动画定义
— 动画分类
— 动画设计方法
— 动画文件格式

音频技术
— 声音种类
— 数字音频处理
— 音频文件格式
— WAV 与 MIDI 比较

视频技术
— 模拟视频与数字视频
— 视频数字化
— 数字视频参数
— 数字视频压缩
— 数字视频格式
— 视频卡

超文本与超媒体技术
— 超文本技术
— 超媒体技术
— 超文本与超媒体的区别

动态 Web 技术
— 浏览器 / 服务器（B/S）体系结构
— DHTML 技术
— Web 动态交互方式
— Script 语言（VB Script/Java Script）

多媒体数据库技术与 Web 数据库技术
— 数据库
— 多媒体数据库
— 多媒体数据库与传统数据库的区别
— 多媒体数据库的实现
— Web 数据库

019

2.1　文本技术

　　在各种媒体素材中，文本素材是最基本的素材，它的处理离不开文字的输入和编辑。文字在计算机中的输入方法很多，除了最常用的键盘输入以外，还可用语音识别输入、扫描识别输入、笔式书写识别输入以及混合输入等方法。目前，多媒体软件多以 Windows 为系统平台，因此编辑文本素材时应尽可能采用 Windows 平台上的文字处理软件，如 Word、写字板等。Windows 系统下的文本文件种类较多，如纯文本文件格式 .txt，Word 文件格式 .doc，写字板文件格式 .wri，Rich Text Format 文件格式 .rtf 等。选用文本素材文件格式时要考虑软件开发工具软件是否能识别这些格式，以避免编辑好的文本素材无法插入到软件开发工具软件中。纯文本文件格式 .txt 可以被任何程序识别，Rich Text Format 文件格式 .rtf 的文本也可被大多数程序识别。Word 文件格式 .doc 则是 Windows 系统平台下的标准文本格式，其使用最为广泛。

　　当前，大多数多媒体软件开发工具中都自带文本编辑功能，但对于大量的文本信息，一般不采取在多媒体软件开发工具中集成时输入，而是在前期就预先编辑好所需的文本素材。

　　文本素材有时也以图像的方式出现在多媒体软件中，如通过格式排版后产生的特殊效果，可用图像的方式保存下来。这种图像化的文字保留了原始的风格（字体、颜色、形状等），并且可以很方便地调整尺寸。

　　由于文本素材的编辑相对来说比较简单，故本书不作进一步介绍，读者如有需要，请自行参考相关教材。

2.2　图形图像技术

　　在多媒体软件的制作中，通常需要大量使用图片。图片包括图形与图像两种类型。在日常使用中，图形与图像经常混为一谈，其实，图形、图像这两个看似相近的概念却有本质的区别。

2.2.1　图形与图像的区别

　　图形是指由外部轮廓线条构成的矢量图，它是以数学的方式绘制曲线，用包含颜色和位置属性的直线或曲线来描述自身的属性。矢量图形具有独立的分辨率，用不同的分辨率来显示图形，都不会失真，可以独立地对矢量图形进行移动、缩放、旋转和扭曲等变换。图形适合于描述轮廓不太复杂、色彩不是很丰富的对象，如几何图形、工作流程图、工程图纸等。

图像是通过一个个栅格内不同颜色的点来描述其属性的，这些点就是我们所说的像素，因此，图像是由像素点阵构成的位图。位图是通过对"像素"的描述来呈现图像效果的，适合表现层次和色彩比较丰富的对象。但是它所需的磁盘存储空间较大，放大后易失真。位图图像的分辨率不是独立的，编辑位图修改的是像素，而不是直线和曲线，因此在缩放图像的过程中，会损失细节或产生锯齿。图像适合于表现含有大量细节的对象，如人物、动物、风景等。

图形是真实物体的模型化、抽象化和线条化的表现方式，而图像则真实地再现了一个物体的原形。另一种更通俗的说法是：图形是由计算机软件绘制而成的，而图像则是人为地用外部设备所捕捉到的外部景象，例如，用 Autocad、Photoshop、3Dmax 等绘制的都是图形，而用摄像头拍摄的人物照片或者风景等就叫图像。

在多媒体软件制作中，图像的编辑与使用更为普遍，因此，本章重点放在图像上。

2.2.2　图像种类

1. 模拟图像

模拟图像就是人们在日常生活中接触到的各类图像，如光学照相机所拍的照片、X 光机所拍的底片以及眼睛所看到的一切景物图像等，它们都是由各种连续的、不同的颜色和亮度的点组成的。这类图像无法用数字计算机直接进行处理。

2. 数字图像

计算机只能处理数字信息，要想使模拟图像能在计算机中进行处理，就必须将模拟图像转换为用一系列数据所表示的图像，这就是所谓的数字图像。将模拟图像转换成数字图像的过程，称为图像数字化。

在计算机中，扩展名为 .pcx、.bmp、.tif 和 .gif 等的文件都是数字图像文件。为节省篇幅，本书中不再特别强调，我们将用"图像"来代称"数字图像"。

2.2.3　图像数字化

用照相机或扫描仪等设备将模拟图像转变成数字图像，即将图像数字化，其

021

过程通常可分为两步：

（1）采样。

由于模拟图像是由无数个点组成的，这无数个点对应着无数个信息，计算机无法采用所有的信息，而只能在模拟图像上按一定规律采用一定数量的点的数据，这个过程就称为采样。

采样的具体过程是：以一定间隔在图像水平方向和垂直方向上分割成若干个小区域，每个小区域即是一个采样点，即对每一小区域只采用一组数据，每一个采样点对应于计算机屏幕上的一个像素，采样的结果将使整幅图像变成每行有 M 个像素，每列有 N 个像素，全图是 M×N 个像素点的集合。自然，因每个采样点是分开的，则各个像素点也是分开（即离散）的。

（2）量化。

量化就是用一定的数据来表示每个采样点的颜色、亮度等信息。

把采样后的每个像素点的亮度用一定的数字（1~255）来表示，这就是量（数量）化。一般量化后，每个像素的亮度值用一个字节（8bit）来表示，则总共有 1~255 个灰度值表示像素点的亮度。

经采样、量化后，一幅模拟图像就转换成了一幅适合在计算机上处理的数字图像。

显然，采样、量化这两步过程都有大量的信息因没有被采用而被忽略掉，因此在同一幅模拟图像和数字图像之间必然会有一定的误差，即数字图像没有模拟图像精确。但是由于人眼的空间分辨率和亮度分辨率都是有限的，因此，只要适当地选取采样间隔与量化的灰度级数，上述误差是可以忽略不计的，也就是说，人眼是分辨不出采样后数字图像和模拟图像之间的区别的。

2.2.4 图像参数

1. 分辨率

分辨率是指在单位长度内所含有的像素的多少，分辨率可以分为以下几种类型：

图像分辨率：每英寸图像含有多少个点或像素，分辨率的单位为 dpi，例如 250dpi 表示的就是该图像每英寸含有 250 个点或像素。在 Photoshop 中也可以用厘米为单位来计算分辨率，不同的单位所计算出来的分辨率是不同的，如果没有特殊说明，就以英寸为单位来计算。

设备分辨率：每单位输出长度所代表的点数或像素，它是不可以更改的，每个设备各自都有一个固定的分辨率。

屏幕分辨率：打印灰度图像或分色图像所用的网屏上每英寸的点数，它用每英寸上有多少行来衡量。

位分辨率：又叫位深，用来衡量每个像素存储的信息位元数。该分辨率决定图像的每个像素中存放的颜色信息。如一个 24 位的 RGB 图像，表示该图像的原色 R、G、B 各用了 8 位，三者共用了 24 位。

2. 图像深度与颜色

图像深度：图像中每个像素的数据所占的位数。图像的每一个像素对应的数据通常可以是 1 位到 36 位或多位字节，用来存放该像素点的颜色、亮度等信息。数据位数越多，所对应的颜色种类也就越多。若图像深度为 1 位，则只能表示 2 种颜色，即黑与白或亮与暗，这通常称为单色图像。深度为 2 位，则只能表示 4 种颜色，图像就是彩色图像。自然界中的图像一般至少要有 256 种颜色，则对应的图像深度为 8 位。而要达到彩色照片一级的效果，则需要图像深度达到 24 位，即所谓真彩色。

图像颜色数：一幅图像中所具有的最多的颜色种类。通常所称的标准 VGA 显示是 8 位显示模式，即在该模式下能显示 256 种颜色；而高彩色（High Color）显示是 16 位显示模式，能显示 65 536 种颜色，也称 64K 色；还有一种真彩色（True Color）显示是 24 位显示模式，能显示 1 677 万种颜色，也称 16M 色，在该模式下看到的真彩色图像已和高清晰度照片没什么差别了。

图像文件大小：用字节表示图像文件大小。一幅未经压缩的图像的数据量大小计算如下：图像数据量大小 = 像素总数 × 图像深度 ÷ 8。

例如，一幅 640 × 480 的 256 色图像为：640 × 480 × 8 ÷ 8 = 307 200 字节。

2.2.5 图像格式

图像格式的种类很多，每种图像格式都有各自的特点，而且，它们之间大部分还可以相互转化。下面介绍多媒体软件制作中几种主要的图像格式。

（1）PSD 格式。

PSD 格式不仅是 Photoshop 的默认文件格式，而且是唯一支持所有图像模式（位图、灰度、双色调、索引颜色、RGB、CMYK、Lab 和多通道）的文件格式。PSD 格式的图像文件可以保存图像中的每一个细节，包括参考线、Alpha 通道和图层，从而为再次调整、修改图像提供可能。PSD 格式唯一的缺点就是保存的文件比较大。

（2）JPEG 格式。

JPEG 是 Joint Photographic Experts Group（联合图像专家组）的缩写。JPEG

格式是互联网上最为常用的图像格式之一，它支持真彩色、CMYK、RGB 和灰度颜色模式，也可以保存图像中的路径，但不支持 Alpha 通道。JPEG 格式最大的特点是文件比较小，都经过了高倍压缩，是目前所有格式中压缩率最高的。它最大的优点是能够大幅度降低文件的存储空间，但由于压缩操作是通过有选择地删除图像数据来进行的，因此图像的质量有一定的损失。在将图像文件保存为 JPEG 文件格式时，可以选择压缩的级别，级别越高，得到的图像文件越小，同时品质也越低。

(3) TIFF 格式。

TIFF 格式是 Macintosh 公司开发的最常用的图像文件格式，用于在不同的应用程序和不同的计算机平台之间交换文件。换句话说，使用此文件格式保存的图像可以在 PC、Mac 等不同的操作平台上打开，而且没有区别。除此之外，TIFF 格式还是为数不多的几种可以跨平台使用的图像文件格式之一，几乎所有的绘画、图像编辑和页面应用程序均支持此图像文件格式。TIFF 格式支持具有 Alpha 通道的 CMYK、RGM、Lab、索引颜色和灰度图像以及无 Alpha 通道的位图模式图像。TIFF 格式能够保存通道、图层和路径，从这一点来看此格式似乎与 PSD 格式没有什么区别，但实际上如果在其他应用程序中打开此格式所保存的图像，则所有图层都将被拼合。

(4) BMP 格式。

BMP 格式是微软公司的专用格式，它是 DOS 和 Windows 兼容计算机上的标准 Windows 图像格式，也是 Photoshop 软件最常用的位图格式之一。BMP 格式支持 RGB、索引颜色、灰度和位图颜色模式，但不能够保存 Alpha 通道。

(5) EPS 格式。

EPS 格式是一种跨平台的通用格式，它可以同时包含矢量图像和位图图像，并且几乎所图像、图表和页面程序都支持该文件格式。EPS 格式支持 Lab、CMYK、RGB、索引颜色、双色调、灰度和位图颜色模式，但无法保存 Alpha 通道。

(6) GIF 格式。

GIF 格式是 CompuServe 公司制定的格式，是 Graphics Interchange Fommat（图形交换格式）的缩写，它使用 8 位颜色并在保留图像细节（如艺术线条、徽标或带文字的插图）的同时有效地压缩图像实色区域。因为 GIF 文件只有 256 种颜色，因此将原来 24 位图像优化成 8 位颜色的文件时会导致颜色信息丢失。此文件格式的最大特点是能够创建具有动画效果的图像，在 Flash 尚未出现之前，GIF 格式是因特网上动画文件的霸主，几乎所有动画图像均需要保存成为 GIF 格式。除此之外，GIF 格式还支持背景透明，因此如果需要在设置网页时使图像最佳地与背景融合，就需要将图像保存成为 GIF 格式。

（7）PNG 格式。

PNG 格式是由 Netscape 公司开发出来的格式，可以用于网络图像的传输，它可以保持 24 字节的真彩色图像，并且有支持透明背景和消除锯齿的功能，可以在不失真的情况下压缩图像。它只在 RGB 和灰度模式下支持 Alpha 通道。在使用时，这种格式又可细分为：

PNG － 8 格式：与 GIF 格式一样，PNG － 8 格式可在保留图像细节（如艺术线条、徽标及带文字的插图）的同时，有效地压缩实色区域。但 PNG － 8 格式的图像文件使用了比 GIF 更高级的压缩方案，因此使用此格式保存的图像比 GIF 文件小 10% ~ 30%。

PNG － 24 格式：与 PNG － 8 格式基本类似，但此类格式支持 24 位颜色。和 JPEG 格式一样，PNG － 24 保留照片中存在的亮度和色相的细微变化。PNG － 24 格式与 PNG － 8 格式使用相同的无损压缩方法。PNG － 24 格式的显著特点是支持多色阶背景透明，多色阶背景透明允许图像的透明区域最多具有 256 个色阶，所以使用此文件格式保存的图像可以非常平滑地将图像边缘与任何背景相混合，但需要注意的是，不是所有的浏览器都支持多色阶背景透明。

（8）PDF 格式。

PDF 格式是一种灵活的、跨平台和应用程序的文件格式，使用 PDF 文件能够精确地显示并保留字体、页面版面以及矢量和位图图像。另外，PDF 文件可以包含电子文档搜索和导航功能（如电子链接）。由于具有良好的传输功能以及文件信息保留功能，PDF 格式已经成为无纸办公的首选文件格式。PDF 格式支持 RGB、CMYK、索引颜色、灰度、位图和 Lab 颜色模式，并支持通道、图层等数据信息。

2.2.6　图像色彩

1. 色调、色相、饱和度和对比度

色调简单地说就是明暗度，调整色调就是调整明暗度。色调的范围为 0 ~ 255，共有 256 种色调。

色相就是色彩的颜色，调整色相就是在多种颜色中进行变化，比如一个图像由红、黄、蓝色组成，那么每一种颜色就代表一种色相。

饱和度是指图像颜色的彩度，调整饱和度就是调整图像彩度。把饱和度降为 0，则会变成一个灰色的图像，增加饱和度就会增加其彩度。

对比度是指不同颜色之间的差异。对比度越大，两种颜色之间的差异就越大，反之则越接近。

2. 颜色模式

图像经数字化后，若要显示出来，必须将其放在内存中。根据图像在内存中存储方式的不同，可将其分成不同的图像模式。目前常用的图像模式有多种，在多媒体软件制作中所用的颜色模式一般是彩色模式，下面只介绍几种常用的图像模式。

RGB 模式：Photoshop 中最常用的一种色彩模式，不管是扫描输入的图像，还是绘制的图像，几乎都是以 RGB 模式存储。

Bitmap（位图）模式：只有白色和黑色两种颜色，它的每一个像素都是用 1 位的位分辨率来记录。位图模式的缺点就是不能制作出色调丰富的图像，而只能制作一些黑白两色的图像。要将一幅彩色图像转换成黑白图像，必须先把它转换成灰度模式的图像，然后再转换成黑白两色的位图模式的图像。

Grayscale（灰度）模式：图像的像素是由 8 字节的位分辨率来记录的，因此能够表现出 256 种色调，利用 256 种色调可以将黑白图像表现得很完美。灰度模式的图像可以和彩色图像及黑白图像相互转换。但要指出的是，彩色图像转换为灰色图像要丢掉颜色信息，灰色图像转换为黑白图像时要丢失色调信息，所以从彩色图像转换成灰度图像后，再由灰度图像转换为彩色图像时已不再是彩色了。

2.3 动画技术

计算机动画技术是在传统动画的基础上，采用计算机图形、图像技术而迅速发展起来的一门新技术。计算机制作的动画让信息更加生动和富于表现力。广义上看，数字图形、图像的运动显示效果都可以称为计算机动画。在当前多媒体软件制作中，动画的制作均通过计算机来完成，故如无特殊声明，本书中所说的动画均指计算机动画。

2.3.1 动画定义

动画与运动是分不开的，动画是运动的艺术。传统意义上的动画，是利用人眼视觉上的"残留"特性，通过在连续多格的胶片上拍摄一系列单帧画面，并将胶片以一定速率放映，从而产生动态视觉的技术和艺术。换言之，动画是一种动态生成一系列相关画面的处理方法，依照一定的速率播放静止的图形或图片就会产生运动的视觉效果。实验证明，如果动画刷新率为每秒 24 帧左右，即每秒放映 24 幅画面，则人眼看到的是连续的动画效果。动画的本质就是动作的变化。

计算机动画也是采用连续播放静止图像的方法从而产生景物运动的效果，人们使用计算机手段产生图形、图像的运动，由计算机生成一系列连续的图像画面并能进行动态实时播放。从本质上讲，计算机动画的原理与传统动画基本相同，只是在传统动画的基础上把计算机技术用于动画的处理和应用，并可以达到传统动画所不能表现的效果。由于采用数字信息处理方式，动画的运动效果、画面色调、纹理、光影效果等处理操作，可以在专业动画制作软件中非常方便地改变和调整，输出方式也更加丰富多彩。

随着计算机图形、图像技术的迅速发展，从 20 世纪 60 年代起，计算机动画技术就很快发展和应用起来了。计算机动画技术应用广泛，小到一个多媒体软件中某个对象、物体或字幕的运动；大到一段动画演示、光盘出版物片头片尾的设计制作，甚至到电视片的片头片尾、电视广告，直至大型动画片的制作等；都可由计算机动画技术来完成。

2.3.2 动画分类

计算机动画根据运动的控制方式可分为实时（Real – Time）动画和逐帧（Frame – by – Frame）动画两种：

（1）实时动画。

实时动画是用算法来实现物体的运动，又叫模型动画或过程动画，采用算法实现对物体的运动控制或模拟摄像机的运动控制，一般适用于三维动画。在实时动画中，计算机对输入的数据进行快速处理，并在人眼察觉不到的时间内将结果随时显示出来。实时动画的响应时间与许多因素有关，包括计算机的运算速度、图形计算使用的软件或硬件、描述景物的复杂程度、动画图像的尺寸大小，等等。实时动画一般不必记录在存储介质上，观看时可在显示器上直接实时显示出来。电子游戏机的运动画面一般都是实时动画，在操作游戏机时，人与机器之间的作用完全是实时快速的。

（2）逐帧动画。

逐帧动画又叫帧动画或关键帧动画，是指动画设计者设计出物体运动过程的关键画面，关键画面之间的画面由计算机通过插值计算完成，最后通过一帧一帧地显示动画的图像序列而实现运动的效果。根据插值方法的不同，逐帧动画又可细分为：

二维形状插值——插值关键帧本身；

关键参数插值——插值物体模型的关键参数值。

另外，根据空间的视觉效果，计算机动画又可分为二维动画与三维动画：

（1）二维动画（2D 动画）。

二维动画因运用了传统动画的概念，故又被称为传统动画，是平面的动画表现形式，通过平面上物体的运动或变化，来实现动画的过程。二维动画是对手工传统动画的一个改进。通过在动画制作软件中输入和编辑关键帧，计算和生成中间帧，定义和显示运动路径，以及给画面上色等方式来产生角色和物体的特技动作效果，并能实现画面与声音的同步，同时还可以控制角色和物体的运动。

（2）三维动画（3D 动画）。

三维动画是相对于二维动画而言的，因其采用了立体空间的概念，所以更显真实，而且对空间操作的随意性也较强，更容易吸引人。三维动画是近年来随着计算机软硬件技术的发展而产生的一门新兴技术。三维动画软件在计算机中首先建立一个虚拟的世界，设计师在这个虚拟的三维世界中按照要表现的对象的形状尺寸建立模型以及场景，再根据要求设定模型的运动轨迹、虚拟摄影机的运动和其他动画参数，最后按要求为模型赋上特定的材质，并打上灯光。当这一切完成后就可以让计算机自动运算，生成最后的画面。

（3）二维动画与三维动画的比较。

二维画面是平面上的画面。理论上，三维画面也可以借助于二维画面的视觉效果来实现，但用纸张、照片或计算机屏幕显示的三维画面，无论画面的立体感有多强，终究只是在二维空间上模拟真实的三维空间效果。一个真正的三维画面，画中的对象有正面，也有侧面和反面，调整三维空间的视点，能够看到不同的内容。

二维与三维动画的主要区别在于采用不同的方法获得动画中对象的运动效果。一个旋转的地球体，在二维处理中，需要一帧帧地绘制球面变化画面，这样的处理难以自动进行。在三维处理中，先建立一个球体的模型并把地图贴满球面，然后使模型步进旋转，每次步进自动生成一帧动画画面，当然最后得到的动画仍然是二维的活动图像数据。

二维动画可以与传统卡通片相比拟，三维动画则对应于木偶动画。木偶动画中首先要制作木偶、道具和景物，三维动画也一样，首先要建立角色、实物和景物的三维数据模型。模型建立好了以后，再给各个模型"贴上"材料，模型就有了外观。计算机通过对模型的控制，在一个虚拟的三维空间里运动，或远或近，或旋转或移动，或变形或变色等。然后，在计算机内部"架上"虚拟的摄像机，调整好镜头，"打上"灯光，最后形成一幅幅栩栩如生的画面。三维动画之所以被称作计算机生成动画，是因为参与动画的对象不是简单地由外部输入的，而是根据三维模型的数据在计算机内部生成的，运动轨迹和动作的设计也是在三维空间中处理的。它是计算机的"杰作"。

2.3.3　动画设计方法

计算机动画是高科技与艺术创作的结合。在动画制作之前，需要精心地设计和进行完美的艺术构思，这就是创意。创意属于技术美学范畴，它是计算机动画的灵魂，没有好的创意，就不会创作出好的动画作品。

创意是人们在创作过程中迸发出来的灵感和意念，它强调有目的的创造力和想象力。计算机动画以其超强的描绘和渲染能力为创作人员提供了充分发挥想象力的空间。创意需要有丰富和广泛的信息库，再加上一些创意的技巧就可能得到精彩的创意。常用的创意技巧有拟人法，把事物人性化，使之具有灵性和感情；还有反向思维法，以一反常态的形态给人耳目一新的感觉；还可以对固有事物进行适度的夸张，使之出人意料。

有了好的创意之后，就要进行动画动作的设计，动画动作的设计要符合一定的自然规律，这样动画才会具有真实感。

在动画设计中要把握好动画时间的分配。例如下雪场面，至少要有 3 种大小不同的雪花，循环的时间约为 2 秒，才会有雪花飘飘的真实感觉；急速奔跑可用 4 帧静态图像表现，如果超过 16 帧就会失去冲刺的感觉；一头大象走一步需 1 ~ 1.5 秒，而猫走一步只需 0.5 秒。

自然物体由于有一定的重量、结构、韧性，因此它也会表现出特有的运动行为，这种行为是位置与时间的结合，它是动画的基础，所以在动画设计中要遵守运动规律。如当一个物体在抛向空中或落向地面时应遵守抛体运动规律，同时不规则的物体还伴有旋转动作，旋转的中心应在物体中心处。

对于动物的设计也要遵循动物的动作规律。如在鸟类飞翔的动画中，时间分配对表现鸟的大小、性格和种类起着决定性的作用。一般来说鸟越大动作越慢，鸟越小动作越快。对于兽类的运动处理也是比较麻烦的，它们行走时，必须注意前腿动作与后腿动作相配合，如当虎的右前腿向前时，右后腿向后；在右前腿向后时，右后腿向前。奔跑与行走时又不同，有一段四腿腾空的时间。

对于人的运动也要符合人的活动习惯，可以通过观察发现其中的规律，然后分解成静态的图像，进行模拟。

总之，在进行动画制作时，应认真分析动作对象的运动特征，设计好画面的运动控制。

029

2.3.4　动画文件格式

计算机动画现在应用比较广泛，由于应用领域不同，其动画文件也存在不同类型的存储格式。下面介绍多媒体软件中应用比较广泛的三种动画格式。

（1）GIF 动画格式。

GIF 是一种基于 LZW 算法的连续色调的无损压缩格式，其压缩率一般在50%左右，它不属于任何应用程序。GIF 格式的特点是压缩比高，文件尺寸较小，便于网络传输，可以在网络上广泛应用。它的另一个特点是在一个 GIF 文件中可以存多幅彩色图像，如果把存于一个文件中的多幅图像数据逐幅读出并显示到屏幕上，就可构成一种最简单的动画。GIF 图像格式还增加了渐显方式，用户可以先看到图像的大致轮廓，然后随着传输过程的继续逐步看清图像中的细节部分，从而适应用户"从朦胧到清楚"的观赏心理。目前 Internet 上大量采用的彩色动画文件多为这种格式的文件，也称为 GIF89a 格式文件。很多图像浏览器如ACDSee 等都可以直接观看该类动画文件。

（2）FLIC（FLI/FLC）格式。

FLIC 格式是 Autodesk 公司在其出品的 2D、3D 动画制作软件中采用的动画文件格式，FLIC 是 FLI 和 FLC 的统称。FLI 格式是最初的基于 320×200 分辨率的动画文件格式，在 Autodesk 公司出品的 Autodesk Animator 和 3D Sudio 等动画制作软件中均采用了这种彩色动画文件格式。FLIC 文件采用行程编码（RLE）算法和 Delta 算法进行无损数据压缩，首先压缩并保存整个动画序列中的第一幅图像，然后逐帧计算前后两幅相邻图像的差异或改变部分，并对这部分数据进行RLE 压缩。由于动画序列中前后相邻图像的差别通常不大，因此可以得到相当高的数据压缩率。它被广泛用于动画图形中的动画序列、计算机辅助设计和计算机游戏应用程序中。

（3）SWF 格式。

SWF 格式是 Macromedia（现已被 ADOBE 公司收购）公司的动画设计软件Flash 的专用格式，是一种支持矢量和点阵图形的动画文件格式，被广泛应用于网页设计、动画制作等领域。SWF 文件通常也被称为 Flash 文件，它采用曲线方程描述其内容，不是由点阵组成内容，因此这种格式的动画在缩放时不会失真，非常适合描述由几何图形组成的动画，如教学演示等。由于这种格式的动画可以与 HTML 文件充分结合，并能添加 MP3 音乐，因此被广泛地应用于网页上，成为一种"准"流式媒体文件。

2.4　音频技术

2.4.1　声音种类

声音是携带信息的极其重要的媒介，是多媒体软件制作中的一个重要内容。声音的种类繁多，如人的话音、乐器声、动物发出的声音、机器产生的声音，以及自然界的雷声、风声、雨声、闪电声等。按声音来源不同，人们通常将其划分成三类：音乐、语音和各种音响效果。这三类声音有许多共同的特性，也有它们各自的特性。在用计算机处理这些声音时，既要考虑它们的共性，又要利用它们各自的特性。

2.4.2　数字音频处理

声音是通过空气传播的一种连续的波，叫声波。声音的强弱体现在声波压力的大小上，音调的高低体现在声音的频率上。声音用电波表示时，声音信号在时间和幅度上都是连续的模拟信号。声波具有普通波所具有的特性，如反射（Reflection）、折射（Refraction）和衍射（Diffraction）等。计算机只能处理数字信号，因此，在计算机处理音频信号之前，首要的一步是把音频信号变成用"0"和"1"表示的数字信号，这个过程称为数字化，或者叫作模（拟）/数（字）转换，即 A/D 变换。计算机对音频信号进行处理之后，得到的信号依然是数字信号。这时，如果直接把这种信号送给喇叭发声，人们根本听不懂，因此，必须再把音频数字信号转变成模拟信号，即数/模转换（D/A 变换）。计算机中音频的 A/D 和 D/A 变换是由声卡来完成的。

（1）音频的数字化。

音频的数字化包括采样和量化这两个步骤。

采样就是每隔一段相同的时间间隔读一次波形的振幅，将读取的时间和波形的振幅记录下来，采样后的信号序列称为采样信号。量化是将采样得到的在时间上连续的信号（通常为反映某一瞬间波形幅度的电压值）加以数字化，使其变成在时间上不连续的信号序列，即通常的 A/D 变换。量化时采用的二进制数的位数称为量化精度。量化采样值的过程可以简单描述为将整个幅度划分为有限个小幅度（量化阶距），把每个阶距归为一类，并赋予相同的量化值。

（2）数字音频质量参数。

采样频率：将采样时每秒钟所抽取声波振幅值的次数称为采样频率。它反映计算机读取声音样本的快慢。采样频率越高，也就是采样的时间间隔越短，在单位时间里计算机读取的声音数据就越多，声音波形就表达得越精确，声音便会越真实，但需要的存储空间也就越大。音频最常用的三种采样频率是：44.1kHz、22.05 kHz、11.025 kHz。为了能正确地重构原信号，采样频率至少应为样本频率的两倍。实际应用中，对于音频信号的采样频率一般取 44.1kHz，这主要是因为音频的最高频率为 20kHz。

量化精度：又称量化位数，反映计算机度量声音波形幅度的精度，也是反映数字化音频质量的一个重要因素。所用的二进制位数越多，量化阶距越小，量化的误差也就越小，对原始波形的模拟也越精细，以后还原出来的声音质量就越高，但数据存储量也会相应增加。常用的量化精度有 8 位、12 位和 16 位。

声道数：声道数是反映数字化音频质量的另一个重要因素。单声道指的是每一次仅产生一个声波数据。同时生成两个声波数据，即称为立体声或双声道。立体声所产生的一种听觉特效就是能够使我们两个耳朵判断到声源的方向和位置，从而产生一种现场的真实感。

声音转化成数字信号之后，计算机就能够很容易地对其进行处理，例如压缩（Compres）、偏移（Pan）、环绕音像效果（Surround Sound）等。当前，随着计算机技术和数字处理技术的迅速发展，更多的声道和更逼真的音效都已经在计算机中实现。

（3）数字音频的压缩。

音频数字化之后需要占用很大的空间，其大小可以用以下公式表示：

声音文件大小 = 采样频率×量化位数×声道数×时间（s）/8

如用 44.1kHz 的频率对声波进行采样，用 16 位来量化，则录制 1 秒钟的双声道声音需要 17 604KB。由此可见，解决音频信号的压缩问题是十分必要的，然而压缩对音质效果可能有副作用。为实现这两方面的兼顾，常用的压缩标准有 CCITT（国际电报电话咨询委员会）推荐使用的 G.711 标准，即 PCM（Pulse Code Modulation）脉冲编码调制和 ADPCM（Adaptive Differential PCM）自适应差分脉冲编码调制。数字音频的压缩会大大节省存储空间。

2.4.3　音频文件格式

声音文件的格式种类很多，例如 CD（.cda）、MIDI（.mid、.rmi）、Movie（.mpg、.dat、.mpa）、Audio（.mp3、.mp2、.mp1、.mpa、.abs）、AC3（.ac3）、DVD（.vob）、WAVE（.wav）、声霸（.voc）、MAC 声音（.snd）、Amiga 声音（.svx）、和 AIFF（.avf）等。下面介绍多媒体软件制作中最常用的

四种。

（1）WAV 格式。

WAV 格式是微软公司开发的一种声音文件格式，也叫波形声音文件，是最早的数字音频格式，被 Windows 平台及其应用程序广泛支持。WAV 格式支持许多压缩算法，支持多种音频位数、采样频率和声道，采用 44.1kHz 的采样频率，16 位量化位数，因此 WAV 的音质与 CD 相差无几，但 WAV 格式对存储空间需求太大不便于交流和传播。

（2）WMA 格式。

WMA 的全称是 Windows Media Audio，是微软力推的一种音频格式。WMA 格式是以减少数据流量但保持音质的方法来达到获得更高的压缩率的目的，其压缩率一般可以达到 1∶18，生成的文件大小只有相应 MP3 文件的一半。此外，WMA 还可以通过 DRM（Digital Rights Management）方案防止拷贝，或者限制播放时间和播放次数，甚至是限制播放机器，可有力地防止盗版。

（3）MP3 格式。

MP3 是一种音频压缩技术，由于这种压缩方式的全称叫 MPEG Audio Layer 3，所以人们把它简称为 MP3。MP3 是利用 MPEG Audio Layer 3 的技术，将音乐以 1∶10 甚至 1∶12 的压缩率，压缩成容量较小的文件，即能够在音质丢失很小的情况下把文件压缩到更小的程度，并能非常好地保持原来的音质。MP3 格式的音乐文件每分钟只有 1MB 左右大小，这样每首歌的大小只有 3~4 兆字节。使用 MP3 播放器对 MP3 文件进行实时解压缩（解码），这样，高品质的 MP3 音乐就播放出来了。

（4）MIDI 格式。

MIDI 文件是在音乐合成器、乐器和计算机之间交换音乐信息的一种标准协议。它是一种能够发出音乐指令的数字代码。与 WAV 文件不同，它记录的不是各种乐器的声音，而是 MIDI 合成器发音的音调、音量、音长等信息。所以 MIDI 总是和音乐联系在一起，它是一种数字式乐曲。利用具有乐器数字化接口的 MI-DI 乐器（如 MIDI 电子键盘、合成器等）或具有 MIDI 创作能力的计算机软件可以制作或编辑 MIDI 音乐。由于 MIDI 文件存储的是命令，而不是声音波形，所以生成的文件较小，只有同样长度的 WAVE 音乐的几百分之一。

2.4.4　WAV 与 MIDI 比较

WAV 文件是实际声音的表示，它代表声音的瞬间幅度，由于它与设备无关，任何一种具有声卡功能的设备都可以播放，每次播放时它都放出相同的声音。从这一点看，它的一致性好，但代价较高，因为它的数据文件要求有较大的存储空间。而 MIDI 文件则是一种由计算机生成的、能够在几乎全部的 PC 机声卡上播放的合成音乐。MIDI 并不是数字化的声音，它仅仅是以数字形式存储音乐的一种速记表示。它与设备有关，即 MIDI 音乐文件所产生的声音是与用来回放特定的 MIDI 设备紧密联系的。

　　MIDI 文件存储的是命令，而不是声音波形数据，MIDI 的文件大小与回放质量完全无关，因此，MIDI 文件比等效的波形文件要小得多。MIDI 不适宜用来回放语言对话，但可以作较长的背景音乐。

　　在多媒体软件中，WAV 用得比 MIDI 更多。原因一是在应用软件和系统支持方面都有更多的选择，不管对 Macintosh 还是 Windows 平台均是如此；二是为创建波形音频所需要的准备与编辑工作，不需要掌握许多音乐理论知识，而 MIDI 在这方面的要求却较高。

2.5　视频技术

2.5.1　模拟视频与数字视频

　　模拟视频和数字视频是两种图像显示标准。模拟视频是基于模拟技术以及图像显示所确定的国际标准，具有成本低、还原度好等优点，但经过长时间的存放或经过多次复制之后，图像的失真就会很明显。数字视频是基于数字技术以及其他更为拓展的图像显示标准。它不仅可以无失真地进行无限次的复制，而且还可以对视频进行创造性编辑，如特技效果等。

2.5.2　视频数字化

　　视频数字化是指在一段时间内以一定的速度对模拟视频信号进行捕捉并加以采样后形成数字化数据的处理过程。视频模拟信号在进入计算机前必须进行数字化处理，即数/模转换，然后将得到的数据保存起来，以便对它们进行编辑、处理和播放。

　　视频信号的采集是将模拟视频信号经硬件数字化后，再将数字化数据加以存储。在使用时，将数字化数据从存储介质中读出，并还原成图像信号加以输出。

　　数字视频可以无失真地进行无限次拷贝，而模拟视频信号每转录一次，就会有一次误差积累，产生信号失真；模拟视频长时间存放后视频质量会降低，而数字视频可长时间存放；数字视频可以进行非线性编辑，并可增加特技效果等；数字视频数据量大，在存储与传输的过程中必须进行压缩编码。

2.5.3 数字视频参数

（1）码率：码率也称取样率，是数据传输时单位时间传送的数据位数，单位是 kbps（千位每秒）。单位时间内取样率越大，精度就越高，处理出来的文件就越接近原始文件，但是文件体积与取样率是成正比的，所以几乎所有的编码格式重视的都是如何用最低的码率达到最少的失真。但是因为编码算法不一样，所以也不能用码率来统一衡量音质或者画质。

（2）帧：帧是一段数据的组合，它是数据传输的基本单位，是影像动画中最小单位的单幅影像画面，相当于电影胶片上的每一格镜头。一帧就是一幅静止的画面，连续的帧就形成动画，如电视图像等。

（3）帧率：帧率即每秒显示帧数（frames per second，fps），帧率表示图形处理器处理视频帧时每秒钟能够更新的次数。高的帧率可以得到更流畅、更逼真的视频。一般来说，30fps 就是可以接受的，但是将性能提升至 60fps 则可以明显提升交互感和逼真感，超过 75fps 一般就不容易察觉到有明显的流畅度提升了。当帧率超过屏幕刷新率时，由于监视器的更新速度跟不上，这样只会浪费帧率，浪费图形处理能力。

（4）关键帧：相当于二维动画中的原画，指角色或者物体运动或变化中的关键动作所处的那一帧，它包含了图像的所有信息，后来帧仅包含了改变后的信息。如果没有足够的关键帧，影片品质可能比较差，因为所有的帧都是从别的帧处产生的。对于一般的用途，一个比较好的原则是每 5s 设一个关键帧。但如果是那种实时传输的视频流文件，就要考虑传输网络的可靠度了，所以要 1～2s 增加一个关键帧。

2.5.4 数字视频压缩

衡量一种数据压缩方案的好坏有三个重要指标：一是压缩比要大，即压缩前后所需的存储量之比要大；二是实现压缩的算法要简单，压缩/解压缩速度要快，尽可能地做到实时压缩/解压缩；三是恢复效果要好，即尽可能地恢复原始数据。其中，压缩比是首要的，但它受其他两个因素的制约。比如压缩比高，恢复后的图像质量很可能就会降低，恢复效果也不好，或者实现压缩的算法复杂程度增加，处理的时间延长等。

当前，应用于数字视频压缩的主要标准是 MPEG（Moving Picture Experts

Group），它较好地权衡了以上所说的几个方面，并兼顾了 JPEG 标准和 CCITT 专家组的 H.261 标准。MPEG 标准分成 MPEG 视频、MPEG 音频和 MPEG 系统三大部分。MPEG 算法除了对单幅图像进行编码外（帧内编码），还利用图像序列的相关特性去除帧间图像冗余，大大提高了视频图像的压缩比。MPEG 针对动态图像的压缩比可达 100：1 至 200：1。在有数据压缩卡和解压缩卡的情况下，它可以基本保证视频信号的完整性和连续性。

2.5.5 数字视频格式

在不同的开发平台和应用环境下，同是视频文件，其文件格式却不同，而不同格式的文件要用不同的扩展名加以区别。

常用视频文件的格式

扩展名	说明	备注
AVI	Video for Windows	对硬件环境无要求，播放分辨率不高
MOV	Apple 的 Quick Time 文件	用 Quick Time 平台播放，仅适用于 PC 机
DAT	VCD 中的视频文件	用 Media Player 播放
MPG	MPEG 压缩视频文件	用 Media Player 播放
RM	Real Video 网络实时播放文件	用 Real Player 播放

2.5.6 视频卡

视频卡是基于计算机的一种多媒体视频信号处理平台，它可以汇集视频源或音频源的信号，经过捕获、存储、编辑和特技等操作，产生非常漂亮的视频图像画面。

标准的视频制作系统主要有计算机、MPEG1 视频图像采集压缩卡、CD－R 刻录机、信号源设备（录像机、摄像机等）、监视器、VCD 播放机等硬件设备组成，再配以相应的刻录软件和视频编辑软件。视频处理得好坏主要取决于视频卡的质量。目前视频卡的各种产品名目繁多，归纳起来主要有视频采集卡、压缩/解压卡、视频输出卡和电视接收卡等。

（1）视频采集卡。

视频采集卡又称视频捕获卡（Video Capture Card），其主要功能是从活动模拟视频中实时或非实时地捕获静态图像或动态图像。它可以将摄像机、录像机和影碟机中的模拟视频信号转录到计算机内部，也可以通过摄像机将现场的图像实时输入计算机。

（2）压缩/解压卡。

压缩卡主要用于制作影视节目和电子出版物。影视节目和电子出版物都有各自的国际标准。影视节目制作采用 Motion – JPEG 标准，因为在非线性编辑系统中需要对每一幅图像单独加工，因此只能采用没有帧间压缩的方法，为保证图像质量，压缩比只有 7∶1 至 9∶1。电子出版物和 VCD 采用 MPEG 标准，压缩比可高达 100∶1 到 200∶1。

2.6　超文本与超媒体技术

2.6.1　超文本技术

文本（Text）是一种以电子文献形式存在的信息管理技术，它最显著的特点是在信息组织上的线性和顺序性。超文本也是一种文本，但与纯文本相比，它是以非线性方式组织的网状结构信息，没有固定的顺序。因此，超文本可以理解为更高一级的信息管理技术。它以节点（Node）作为基本单位，节点之间按它们的自然关联，用链连接成网，链的起始节点称为锚节点（Anchor Node），终止节点称为目的节点。这种链可以超过一个文本，通常叫作超链（Hyperlink）。借助它，用户可以方便地浏览相关内容。超文本是一种全局性的信息结构，其组织方式与人的思维方式和工作方式比较接近，人们将文档中的不同部分通过关键字建立链接，可以使信息用交互方式进行搜索。

现实中，Web 就是一种超文本信息系统，Web 的一个主要概念就是超文本链接，它使文本不再像一本书那样是固定的和线性的，而是可以自由地从一个位置跳到另一个位置，人们可以从中获取更多的信息。通过 Web 还可以转到另一个主题，当要了解某个主题的更多内容时，只要在这个主题点一下，便可以跳转到包含该主题的其他文档上去。如图 2 – 1 所示。

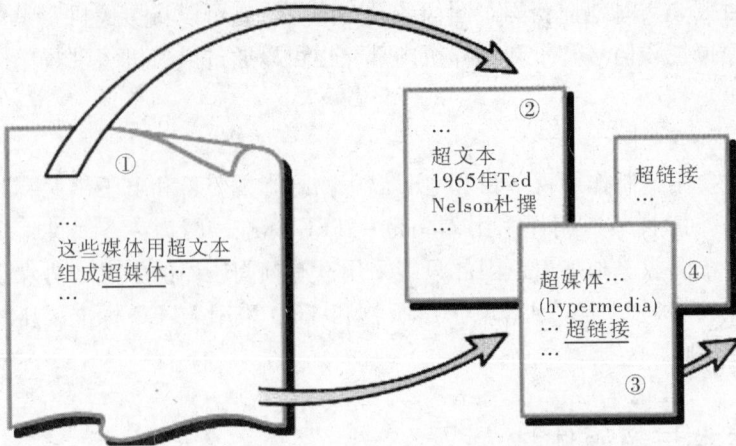

图 2 - 1　超文本技术示意图

2.6.2　超媒体技术

　　超媒体一词是由超文本衍生而来的。但要弄清这一概念，还必须从超链接说起。超链接大量应用于 Internet 的 WWW 中，它是指在 Web 网页所显示的文件中，对有关词汇所作的索引链接能够指向另一个文件。WWW 使用链接方法能方便地从 Internet 上的一个文件访问另一个文件（即文件的链接），这些文件可在同一个站点也可在不同的站点。可见 WWW 中的超链接能将若干文本组合起来形成超文本。同样道理，超链接也可将若干不同媒体、多媒体或流媒体文件链接起来，组合成为超媒体。

　　可见，超媒体是超文本和多媒体在信息浏览环境下的结合。它是对超文本的扩展，除了具有超文本的全部功能以外，还能够处理多媒体和流媒体信息。在技术上，人们把用数据库管理多媒体信息的方法称为多媒体数据库；用超文本技术来管理多媒体信息，其对应的名词就是超媒体。形象地说，超媒体 = 超文本 + 多媒体。它是以多媒体方式呈现的相关文件信息，意指多媒体超文本（Multimedia Hypertext）。如图 2 - 2 所示。

　　超媒体与多媒体的不同在于：前者是由文字、图像、图形、视频和音频五种媒体元素组成的，后者仅包含视频、音频和文字三种元素。超媒体技术是将上述五种媒体元素与 Web 应用、远程协作、信息播放与存储等技术相结合，共同为用户提供服务的技术。

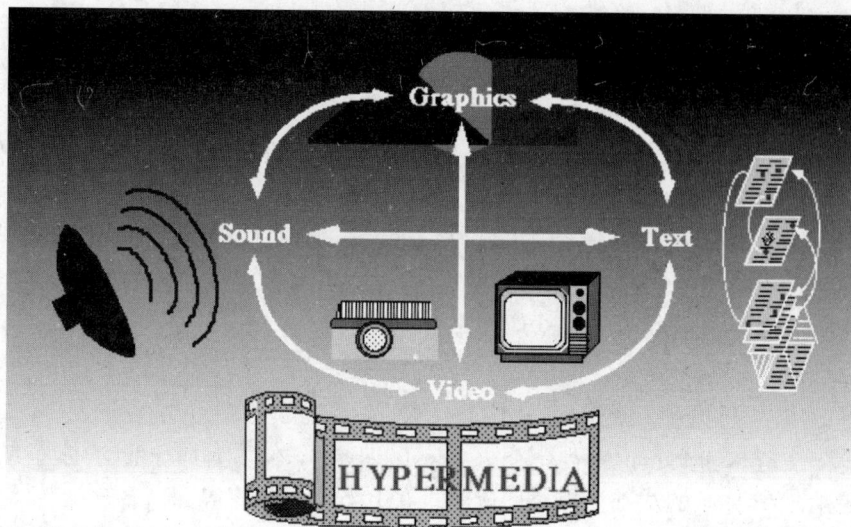

图 2 - 2　超媒体技术示意图

超媒体为用户提供了更高的人机交互能力，用户可以根据自己的兴趣与信息需要设定路径和速度，甚至修改内容或对内容加注解，可以任意从一个文本跳到另一个文本，并且激活一段声音，显示一个图形，甚至播放一段视频。因此，从本质上讲，超媒体是一种交互式多媒体，而交互式多媒体不一定都是超媒体。它不仅是一种人机交互技术，还涉及内部结构等多方面的整合改造。从应用上讲，超媒体更接近人的思维。通过超媒体，可以提供比超文本链接层次更高的响应，实现更为便利、直观的双向交流。

2.6.3　超文本与超媒体的区别

超文本和超媒体都以非线性方式组织信息，本质上具有同一性。由于二者都与多媒体密切相关，因而容易混淆。在超文本中，信息的主要形态是文本和图形，以节点形式存储信息，实现相关节点间的非线性、联想式检索。而超媒体是一种在一条条信息间创建明确关系的方法，它把超文本的含义扩展为包含多媒体对象，而且能够实现音频与视频信号的同步。因而，较之超文本，超媒体处于更高层次，它利用超文本技术来管理多媒体信息，成为支持多媒体信息管理的主脑；它能够组织的信息对象繁多，是媒体中的巨无霸，完全可以视作超级媒体。

039

2.7　动态 Web 技术

动态 Web 技术的基础是 HTML 和 WWW。WWW 包含超文本、多媒体文件浏览和多项传统的 TCP/IP 服务。WWW 采用浏览器/服务器（B/S）方式控制结构，较好地解决了资源的最大限度共享问题，极大地推动了 Internet 的推广与应用。WWW 的开放性、跨平台性和可扩展性，更是为多媒体软件的应用提供了一个非常理想的协作环境及分布式应用平台。

2.7.1　浏览器/服务器（B/S）体系结构

B/S（Browser/Server）与 C/S（Client/Server）本质上属于同一体系结构，B/S 是在 C/S 体系的基础上扩充而成的。在 B/S 下，用户界面由客户端转向浏览器，网络通信模式被统一为 TCP/IP，分布式计算结构由客户、服务器两个层次扩展到浏览器、Web 服务器、数据库服务器三个层次，即由 C/S 结构扩展成了 B/S 结构，如图 2-3 所示。

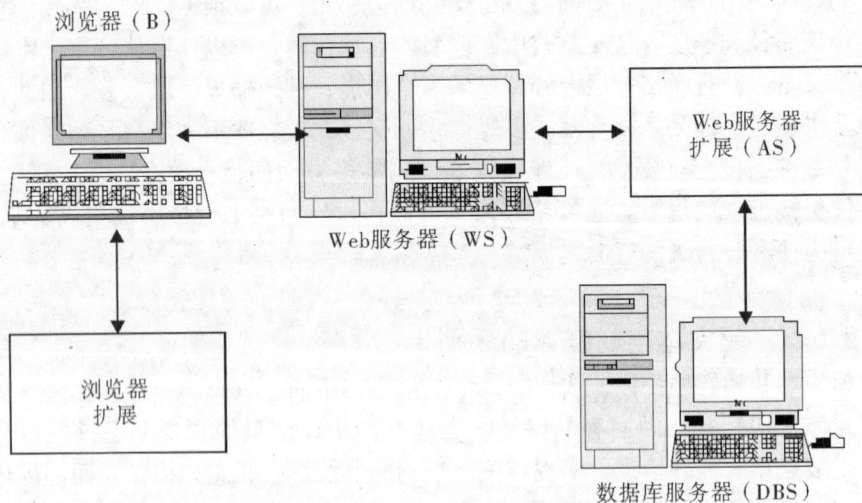

图 2-3　B/WS/DBS 三层体系结构

WWW 并没有定义标准浏览器，凡是可以方便浏览信息的各种工具都可以看作是 Web 浏览器。Web 浏览器通常综合了传统的网络服务和多媒体文件浏览服

务，用户通过直观的图形界面就能很容易获得各种信息。常用的 Web 浏览器有
IE（Internet Explorer）和 Netscape Navigator 等。Web 服务器是指 Internet 上的各
种服务器，包括 HTTP、FTP、NNTP、Telnet 等，最常用的是 HTTP 服务器。HT-
TP 服务器是指利用 HTTP 协议提供超文本多媒体文件浏览服务的服务器，HTTP
协议是一个简单、灵活、无链接、无状态的协议。HTTP 采用 URL 定位对象或服
务，用 MIME 标识多媒体对象的类型，且任何操作系统都可以通过 HTTP 传输各
类对象。

2.7.2　DHTML 技术

　　为了更好地支持动态 Web 的开发，从 IE 4.0 起，微软把所有浏览器上的元
素都当成对象，从而引入了 DOM（Documents Object Modal）的概念，如图 2－4
所示。DHTML（Dynamatic HTML）是 HTML 的扩展，DHTML 综合了 DOM、
Script、CSS、Java 等几种不同的技术并描述了这些技术相互作用的方式。DHTML
有三个主要的优点：动态样式、动态内容和动态定位。动态样式能使开发者改变
内容的外部特征而不强制用户再次下载全部内容；动态内容可以使开发人员改变
显示在页面上的文本和图像等内容，以便内容能够交互地对用户的鼠标和键盘操
作作出响应；动态定位则让页面制作者以自己的方式或对用户的操作作出响应的
方式移动页面上的文本和图像等内容。DHTML 的出现为沉闷的网络世界带来了
生机，但由于 DHTML 一直没有统一的标准，更主要的是由于 DHTML 没有利用
B/S 的概念，没有同服务端数据交互，不能反映用户的要求，因而，这种技术本
质上还是一种静态网页技术。

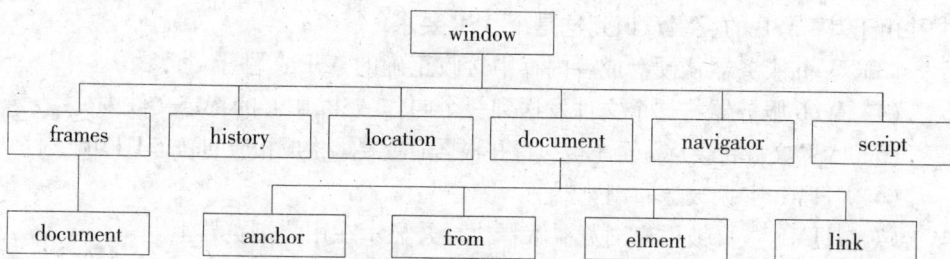

图 2－4　浏览器的 DOM 模型

2.7.3　Web 动态交互方式

　　随着 Web 应用的发展，用户希望系统能根据自己的要求生成动态 Web 页面，
提供动态 Web 应用。在动态 Web 应用中，所有的应用程序都被分割成页面的形

式，用户的交互操作以提交 Form 等方式实现。当用户在浏览器上提交 Form 后，Web 服务器执行一个应用程序，该应用程序分析用户输入的数据，并根据不同的数据内容将相应的执行结果，以 HTML 的格式传送给浏览器。Web 常用的动态交互方式有 CGI、API、ASP 等。

最早的方式是 CGI。CGI 有两个明显不足：一是 CGI 程序的执行效率低，同一个 CGI 程序如果在程序中执行数次，每次都要派生一个新的进程并重新初始化环境参数，造成资源的浪费及执行效率的降低。再一个是 CGI 程序的开发需要了解有关数据库与 Web 相结合的很多细节问题，程序不易排错，而且目前为止尚无一套完整、方便的排错工具，使得开发难度大、效率低。

API 作为驻留在 Web 服务器中的程序代码，其扩展 Web 服务器的功能与 CGI 相同，Web 开发人员不仅可以利用 API 解决 CGI 可以解决的问题，而且能够进一步解决不同 Web 应用程序的特殊需求，其程序执行效率也比较高，但开发 API 应用程序比开发 CGI 应用程序更复杂，需要一些专门的编程知识，如多线程、进程同步、直接协议编程及错误处理等。

ASP 是 IIS3.0 以上版本的附加组件，它综合了 HTML、ActiveX Script 及 ActiveX 组件技术。在 ASP 中可以通过 IDC、ADO 和 RDS 三种方式访问数据库，Web 服务器执行访问数据库的操作，并以一个 HTML 格式的文档作为回答。自从 ASP 应用 WWW 后，Web 服务器端再也不是由单纯的 HTML 网页所构成，取而代之是 Web 应用程序。ASP 的工作过程是：

（1）用户在浏览器的地址栏中输入 ASP 文件名称，并按"回车"键触发这个 ASP 的申请。

（2）浏览器将这个 ASP 的请求发送给 Web 服务器，Web 服务器接收这个请求并由于其 .ASP 的后缀意识到这是个 ASP 要求。

（3）Web 服务器从硬盘或者内存中接收正确的 ASP 文件。

（4）Web 服务器将这个文件发送到一个叫作 ASP.DLL 的特定文件中。

（5）ASP 文件将会从头至尾被执行并根据命令要求生成相应的静态 HTML 文件。

（6）HTML 主页被送回浏览器。

（7）HTML 主页被用户浏览器解释执行并显示在用户浏览器上。

整个过程如图 2-5 所示：

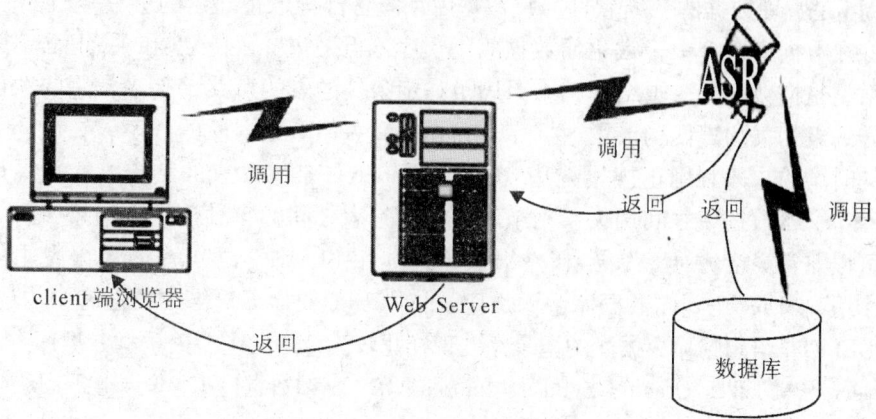

图 2 – 5　ASP 的工作过程

2.7.4　Script 语言（VB Script/Java Script）

Web 应用程序可使用 Script 语言编程。在 ASP 中，VB Script 是默认的脚本语言，当然也可以设置成 Java Script。在 HTML 文件中直接嵌入 Script，能够轻松扩展 HTML（DHTML），使它不仅仅只局限于一种页面格式语言。带有 Script 的网页每次下载到浏览器时都可以是不同的，而且可以对用户的操作作出反应，这是它的优点之一。Script 既可以作为客户端编程语言，也可以作为服务器端编程语言。客户端编程语言是可以由浏览器解释执行的语言，当一个以 Script 编制的程序被下载到一个兼容的浏览器中时，浏览器将自动执行该程序。客户端编程语言的优点是浏览器可以完成所有的工作，这无疑减轻了服务器的负担，而且客户端程序运行起来比服务器端程序快得多，当一个浏览器的用户执行了一个操作时，不必通过网络对其作出响应，客户端程序就可以作出响应。服务器端编程语言是在服务器上执行的语言，用 Script 作为服务器端编程语言的好处是 Script 不受浏览器的限制，Script 程序在网页通过网络传送给浏览器之前被执行，Web 浏览器收到的只是标准的 HTML 文件。

2.8　多媒体数据库技术与 Web 数据库技术

2.8.1　数据库

数据库是数据组织的一种形式，是以某种合理的组织方式存储在一起的相互关联的数据集合。数据库系统的组成包括数据和数据库管理系统（DBMS）。

DBMS 是管理数据的一组软件，是数据库系统各部分取得联系的中心枢纽。

在数据库系统中，常用的数据组织类型有层次型、网状型和关系型。其中，关系型是把数据的逻辑结构归结为满足一定条件的表的形式，是最常用的数据形式，一组相关的表便构成了数据库。为了提高关系型数据库的效率，在设计数据库的时候，一般利用正规化方法（Normalization）来修改表的结构。在关系型数据库中，各数据项之间用关系来组织，关系是表之间的一种连接。通过关系，用户可以非常灵活方便地表示和操纵数据，如用 SELECT 语句查询数据库中的数据，用 INSERT 语句向数据库中添加记录，用 UPDATE 语句修改数据库中的记录，用 DELETE 语句删除数据库的记录等。现在比较流行的大中型关系型数据库有 SQL Server、IBM DB2、Oracle、SyBase、Informix 等，小型数据库有 Access、FoxPro 等。

2.8.2　多媒体数据库

多媒体数据库（Multimedia Database）是指数据库中的信息不仅涉及各种数字、字符等格式化的表达形式，而且还包括多媒体非格式化的表达形式，数据管理要涉及各种复杂对象的处理。

多媒体数据库系统的层次结构与传统的关系数据库基本一致，同样具有物理层、概念层和表现层。

（1）物理层。

物理层是多媒体数据库的物理存储描述，即形象地描述多媒体数据在计算机的物理存储设备上是如何存放的。对多媒体数据库而言，实际的数据允许分散在不同的数据库中。例如在多媒体教学资源管理中，教学网站的声音和照片可能保存在声音数据库和图像数据库中，其他如教学内容等记录可能保存在关系数据库中。

（2）概念层。

概念层表示的是现实世界的抽象结构，是对现实世界事物对象的描述。多媒体应用开发人员通过该层提供的数据库语言可以对存储在多媒体数据库中的各种多媒体数据进行统一的管理。概念层由一组概念对象构成。概念对象涉及的对象可能来自几个数据库。例如，教学网站是由教学内容、教学课件、练习测试等描述，它们可能分别来自一般的关系数据库和图像数据库。在概念层上，模式必须按照几个数据库的概念模式来定义。

（3）表现层。

表现层可以分为视图层和用户层。用户层是多媒体数据库的外部表现形式，即用户可见到的表格、图形、画面和播放的声音等。用户层可由专门的多媒体布局规格说明语言来描述，并向用户提供使用接口。多媒体数据管理系统的表现模式在多媒体数据库系统的研究中是一个需要重视的问题。由于各种非格式数据的表现形式各不相同，同时它们之间存在一定的关联性，所以表现层在多媒体数据库系统中显得格外重要。

2.8.3 多媒体数据库与传统数据库的区别

多媒体数据库是多媒体技术与数据库技术相结合产生的一种新型的数据库。与传统数据库相比，多媒体数据库处理的数据对象、数据类型、数据结构、数据模型和应用对象都不同，处理的方式也不同。

（1）多媒体数据库存储和处理复杂对象，其存储技术需要增加新的处理功能，如数据压缩和解压；

（2）多媒体数据库面向应用，没有单一的数据模型适应所有情况，需随应用领域和对象的不同而建立相应的数据模型；

（3）多媒体数据库强调媒体的独立性，用户应最大限度地忽略各媒体间的差别而实现对多种媒体数据的管理和操作；

（4）多媒体数据库强调对象的物理表现和交互方式，强调终端用户界面的灵活性和多样性；

（5）多媒体数据库具有更强的对象访问手段，比如特征访问、浏览访问、近似性查询等。

2.8.4 多媒体数据库的实现

1. 在关系型数据库的基础上构造多媒体数据库

从 20 世纪 80 年代以来，虽然关系型数据模型抽象能力较差，不适于用来表示复杂的多媒体对象，但它比较成熟、应用广泛，对于某些应用而言，在关系型数据库的基础上构造多媒体数据库还是可行的。由于关系型数据模型结构简单，数据类型和长度被限制在一个较小的子集中，又不支持新的数据类型和数据结构，难以实现空间数据和时态数据，缺乏演绎和推理操作，从而表达数据特性的能力受到限制。因此若要在多媒体数据库系统中使用关系型数据模型，使它不但能支持格式化数据，也能处理非格式化数据，就必须对现有的关系型数据模型进行扩充。

在大多数商业数据库系统（关系型数据库）中已加入了对一种称为大二进制对象 BLOB（Binary Large Object）的数据类型的支持，从而使这些关系型数据库产品具有一些简单的管理多媒体的能力。虽然 BLOB 的确允许用户涉及大型的数据对象，但是它并没有对各类复杂的数据类型提供足够的支持。

2. 在面向对象型数据库的基础上构造多媒体数据库

由于面向对象型数据模型具有很强的抽象能力，可以很好地满足复杂的多媒

045

体对象的各种表示需求，能够为多媒体数据库的构造提供理想的基础，因而面向对象技术在多媒体数据存储及管理中的应用也成为重要的研究课题。

2.8.5　Web 数据库

当前大多数数据库提供了 Web 应用。在关系型 Web 数据库中通常包含客户端应用程序、数据库服务器和数据库等部分。在多媒体软件中，如何让用户在浏览器中通过 Internet 存取网络数据库中的数据，是确定系统总体结构和系统开发之前首先要解决的问题。在微软的 Web 服务器 IIS 中，通过 UDA（Universal Data Access）的方式访问网络上的各种异质数据库。UDA 分为如下两种方案：

（1）ODBC（Open Data Base Connectivity）。

无论是关系型还是非关系型（文本文件、Dbase、FoxPro 等）Web 数据库管理系统，以往都是通过微软公司制定的标准数据库接口 ODBC 相连的，ODBC 的目的是要让开发者在编写数据库应用程序时，能够利用相同的一组程序接口，来开发、存取关系型或非关系型 Web 数据库，图 2-6 所示为 ODBC 的结构。ODBC 其实就是一组 API，但考虑到直接用 API 编程难度较大，故微软把 API 打包成 COM 对象——DAO（Data Access Object）与 RDO（Remote Data Object），供开发者直接使用。

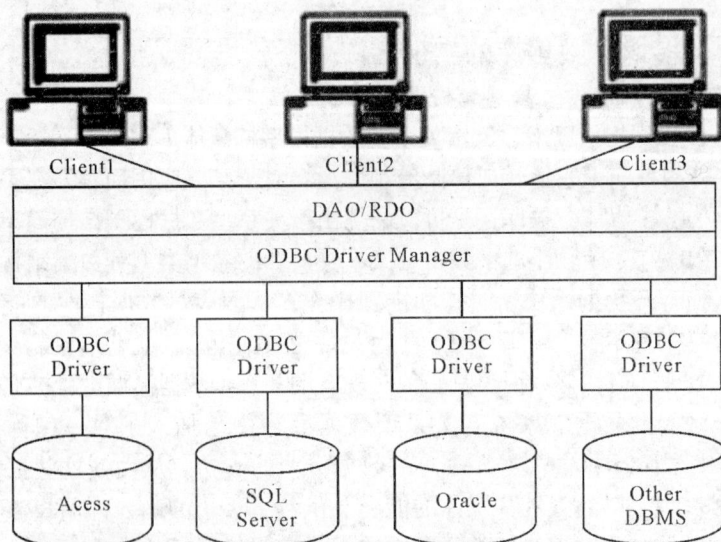

图 2-6　ODBC 的结构

（2）OLE DB。

随着 Internet 的盛行，传统的 C/S 结构渐渐变成了 B/S 结构和多层式
（Multitier）结构，而处理的数据类型，更从关系型、非关系型数据库，增加到了
邮件、信息系统（Exchange Data）与 Active Directory（Windows 2000 的骨干）
等，以往的 DAO、RDO 都满足不了需要。为此，微软考虑到 Web 上的使用环境
与 COM 结构的延伸后，又提出了一套数据存取方案，这便是 OLE DB（如图 2 -
7 所示）。OLE DB 与 ODBC 的最大差别是多了非数据库系统之外的数据处理能
力，HTML 文件、大型主机上的数据、E - mail 系统与 Active Directory 等，都可
以通过 OLE DB 进行存取。OLE DB 同样也是一组 API，故微软又开发了一组
COM 将其打包在内，这就是现在最常使用的数据库访问方式——ADO（Activex
Data Object）。

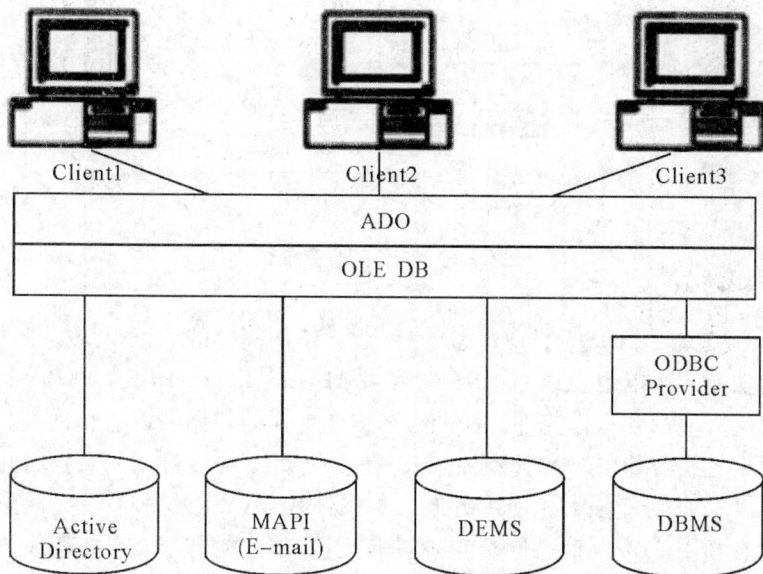

图 2 - 7   OLE DB 的结构

ADO 在 WindowsXP/IIS5 下的最新版本为 3.0，ADO 包含 Connection、Com-
mand、Recordset 和 Field 对象，每一个对象又都各拥有一个 Properties 集合对象，
ADO 的对象模型如图 2 - 8 所示。ADO 虽然能够提供非常强大的数据库访问功
能，但是它不支持数据远程操作。ADO 只能执行查询并返回数据库查询的结果，
这种结果是静态的，服务器上的数据库与客户端看到的数据没有直接的连接关

系。假如客户需要修改数据库中的数据，就必须构造修改数据的 SQL 语句，执行相应的查询动作。RDS 就比 ADO 更进一步，它支持数据远程操作。它不仅能执行查询并返回数据库查询结果，而且这种结果是动态的，服务器上的数据库与客户端看到的数据保持泛连接关系，即把服务器端的数据搬到客户端，在客户端修改数据后，调用一个数据更新命令，就可以将客户端对数据的修改写回数据库，就像使用本地数据库一样。

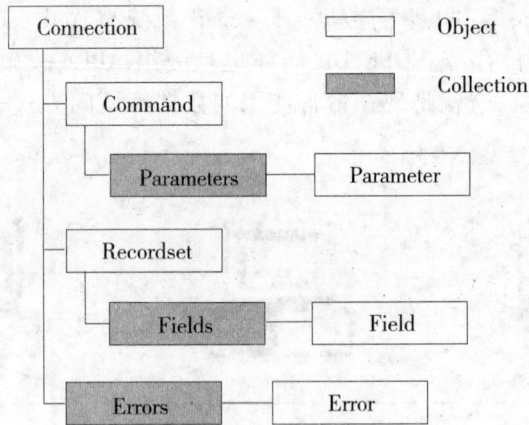

图 2-8　ADO 的对象模型

自 IIS 4.0 起，RDS 与 ADO 集成在一起，使用同样的编程模型提供访问远程数据库的功能，所以也可以将 RDS 理解为 ADO 的 RDS。RDS 在 ADO 的基础上通过绑定数据显示和操作控件，提供给客户端更强的数据表现力和远程数据操纵功能。ADO 也是 ASP 技术的核心之一，在 ASP 页面中通过调用它执行相应的数据库操作。ADO 功能强大，使用方便，集中体现了 ASP 技术丰富灵活的数据库访问功能。利用 ADO，动态网页几乎具有无限扩充的能力，这是其他方式所不能比的。在本书的论述中，对这两个概念不作区别，统一当作 ADO。

【思考题】

1. 图形与图像有何异同？什么时候应该使用图形？什么时候应该使用图像？

2. 一幅 8×8 英寸，分辨率为 600dpi 的 24 位颜色深度的图像需要占用多大的存储空间？

3. 为什么说动画设计的核心是创意？如何实现创意？

4. 声音是如何转化为音频的？声音文件的常用格式有哪些？

5. 数字视频压缩的主要标准是什么？标准有何重要性？

6. 超媒体与多媒体的区别是什么？超媒体技术有哪些主要优势？

7. Web 常用的动态交互方式有哪些？试比较它们之间的异同。

8. 多媒体数据库技术与 Web 数据库技术有何异同？

【实训题】

1. 在网络上找一幅深度为 24 的彩色图像，使用 Microsoft Photo Editor 或者其他图像编辑软件显示该图像，然后用 GIF 格式存储，再显示 GIF 图像。观察图像有什么变化，并分析其原因。

2. 通过麦克风用 Windows 的录音机录制一段 20 秒的立体声音频信号（可以是语音，或是音乐），并存储于硬盘中。录制时分别用 44.1kHZ、22.05kHZ、11.025kHZ 的采样频率对声波进行采样，每个采样点的量化位数分别选用 8 位与 16 位。计算不同采样频率与不同量化位数下录制波形文件所需的存储容量，并与录音机录制的效果进行比较。

3. 通过对比，了解图形图像、声音、动画与视频的各种常用文件格式的特点。

THE TECHNOLOGY AND CREATION OF MULTIMEDIA

The Management of Multimedia Software Project and the Software Engineering

第 3 章

多媒体软件项目管理与软件工程

本章分别阐述了项目、多媒体软件项目、项目管理和软件工程的定义,并重点讲述了在多媒体软件项目中运用项目管理的思想和软件工程的方法,来指导多媒体软件项目的设计和开发的过程。

【本章学习要点】

多媒体软件项目作为一种计算机软件，它在设计与开发过程中无不渗透着软件工程的思想，如何将软件工程思想应用到多媒体软件项目的设计与制作中，就成为一项非常重要的任务。多媒体软件日趋庞大而复杂，参与设计与开发的人员也日益增多。为使多媒体软件项目获得成功，必须对多媒体软件的设计和开发运用项目管理知识，合理安排项目进度，控制时间与人力成本，规避风险等，这些都涉及项目的统筹安排和科学计划。

在本章内容中，概念、原理、原则、流程与模型等方面的知识比较多，相对而言比较抽象，读者在具体学习时，可先通读一下全章内容，留下一个初步印象，然后结合课堂上教师讲解的多媒体软件项目案例来慢慢加深对相关知识的理解。学到本书的第 9 章——多媒体软件工程项目的创作时，可结合自己的项目设计与开发实践，再复习与回顾一下本章的内容。此外，读者平时还应该多观摩一些现成的经典的多媒体软件项目案例。总之，读者应该通过多种学习方式的结合，使自己逐渐掌握多媒体软件项目管理的思想和软件工程的精髓。

【本章内容结构】

```
项目和多媒体软件项目
         │
         ▼
                        ┌── 项目管理的定义
多媒体软件项目管理 ──────┤── 项目管理的历史
                        └── 多媒体软件项目管理
         │
         ▼
                        ┌── 工程和软件工程的定义
多媒体软件项目与  ───────┤── 软件工程的目标
   软件工程              ├── 软件工程的原则
                        └── 软件工程的基本原理
         │
         ▼
                        ┌── 项目启动阶段
软件工程在多媒体  ───────┤── 项目计划阶段
软件项目中的应用          ├── 项目实施阶段
                        └── 项目交付阶段
         │
         ▼
                        ┌── 软件项目的生命周期
多媒体软件项目  ─────────┤── 多媒体项目的生命周期
开发的一般流程            ├── 多媒体软件项目测试
                        └── 多媒体软件项目计划书
```

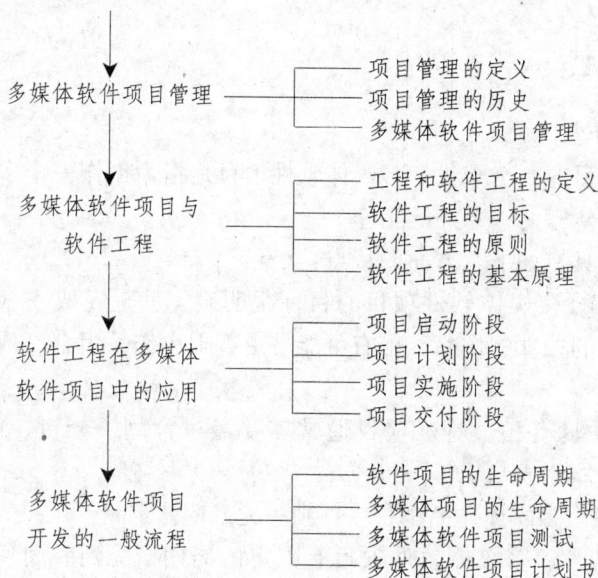

051

3.1 项目和多媒体软件项目

项目是为了创造一个唯一的产品或提供一个唯一的服务而进行的临时性的努力。项目是一件事情，一项独一无二的任务，也可以理解为是在一定的时间和一定的预算内所要达到的预期目标。项目侧重于过程，它是一个动态的概念，例如我们可以把一条高速公路的建设过程视为项目，但不可以把高速公路本身称为项目。项目本身通常与一系列独特、复杂并相互关联的活动相关，这些活动有着一个明确的目标或目的，必须在特定的时间、预算、资源限定内，依据规范完成。项目参数包括项目范围、质量、成本、时间和资源。那么到底什么活动可以称为项目呢？在日常生活中，比如安排一个演出活动、开发和介绍一种新产品、策划一场婚礼、研发一个计算机系统、进行工厂的现代化改造、主持一次会议等，都可以称为项目。

一般来说，项目具有如下七方面的特点：

(1) 具有明确的目标；

(2) 项目之间的活动具有相关性；

(3) 具有限定的周期；

(4) 具有独特性；

(5) 资源成本的约束性；

(6) 项目的不确定性；

(7) 结果的不可逆转性。

多媒体软件项目是项目的一个子集。多媒体软件项目是指为创作一个多媒体作品而进行的有计划、有步骤的一系列的工作。

多媒体软件项目通常具有如下六方面的特点：

(1) 具有明确的目标。多媒体软件项目的目标很明确，就是完成一个多媒体作品，这可能是一个小的独立的作品，也有可能是由若干小作品组合而成的大作品。

(2) 项目之间的活动具有相关性。项目通常需要经过计划、分析、设计、开发、实现等多个步骤才能完成。

(3) 具有独特性。每个多媒体作品都是一件独一无二的艺术品。

(4) 具有限定的周期性。多媒体软件项目有限定的周期，受到时间、人力等资源成本的约束。

(5) 项目的不确定性。多媒体软件项目具有不确定性，项目的开发结果可能成功，也可能失败。

（6）结果的不可逆转性。多媒体软件项目一旦完成，多媒体作品也就诞生了，具有结果的不可逆转性。

3.2　多媒体软件项目管理

3.2.1　项目管理的定义

项目管理（Project Management，简称 PM）指在项目活动中运用专门的知识、技能、工具和方法，使项目能够在有限资源的限定条件下，实现或超过设定的需求和期望。

项目管理是为达成某个特定目标所进行的一系列相关活动，包括项目策划、进度计划和项目实施等。一个项目的成功，包含若干个重要阶段，项目管理的一个重要思想，就是对项目定义生命周期，实施分阶段精细管理。

一个项目的典型的生命周期如图 3－1 所示，它包括立项阶段、计划阶段、实施阶段、收尾阶段、维护阶段。

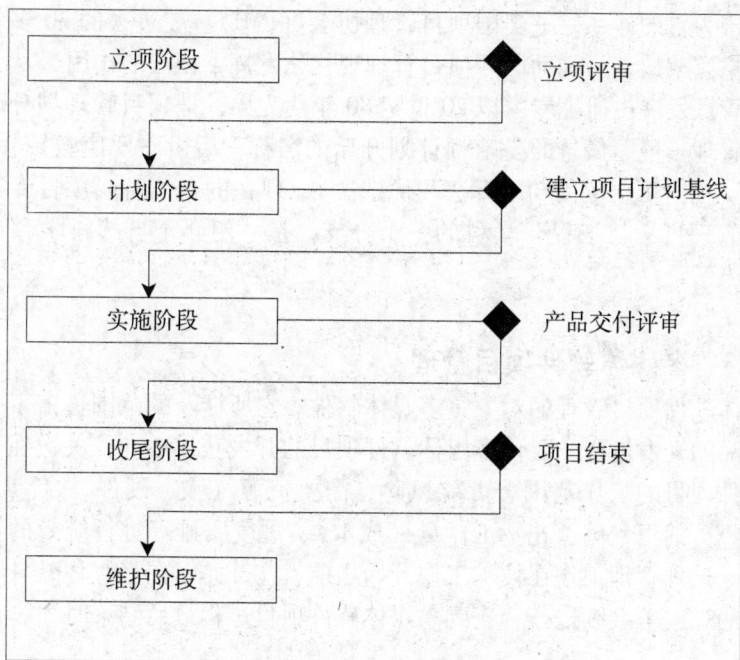

图 3－1　项目的生命周期

3.2.2 项目管理的历史

项目管理是第二次世界大战后期发展起来的重要的新管理技术之一，最早起源于美国。有代表性的项目管理技术比如关键性途径方法（CPM）与项目评估和反思（PERT）技术，它们是两种分别独立发展起来的技术。其中 CPM 是由美国杜邦公司和兰德公司于 1957 年联合研究提出的，它假设每项活动的作业时间是确定值，重点在于费用和成本的控制。PERT 的出现是在 1958 年，由美国海军特种计划局和洛克希德航空公司在规划和研究在核潜艇上发射"北极星"导弹的计划中首先提出。与 CPM 不同的是，PERT 中作业时间是不确定的，它的数值是用概率的方法进行估计的，另外它并不十分关心项目费用和成本，重点在于时间控制，被主要应用于含有大量不确定因素的大规模开发研究项目中。随后两者有发展一致的趋势，常常被结合起来使用，以求得时间和费用的最佳控制。

20 世纪 60 年代，项目管理的应用范围也还只是局限于建筑、国防和航天等少数领域，但因为项目管理在美国的阿波罗登月项目中取得巨大成功，由此风靡全球。国际上许多人开始对项目管理产生了浓厚的兴趣，并逐渐形成了两大项目管理的研究体系，其一是以欧洲为首的体系——国际项目管理协会（IPMA）；其二是以美国为首的体系——美国项目管理协会（PMI）。在过去的 30 多年中，他们的工作卓有成效，为推动国际项目管理现代化发挥了积极的作用。

项目管理发展史研究专家以 20 世纪 80 年代为界，把项目管理划分为两个阶段。项目管理是美国最早的曼哈顿计划开始的名称，后由华罗庚教授在 50 年代引进中国（由于历史原因叫统筹法和优选法），现在的台湾省叫项目专案。项目管理是"管理科学与工程"学科的一个分支，是一门介于自然科学和社会科学之间的边缘学科。

3.2.3 多媒体软件项目管理

多媒体软件项目管理的对象是多媒体软件。它所涉及的范围覆盖了整个多媒体软件作品的开发过程。要使多媒体软件项目的开发获得成功，关键在于必须对多媒体软件项目的工作范围、可能风险、需要资源（人、硬件/软件）、要实现的任务、经历的里程碑、花费工作量（成本）、进度安排等进行统筹的安排和科学的计划。这种管理工作在技术工作开始之前就应开始，在多媒体软件项目从概念到实现的过程中继续进行，直到多媒体软件项目过程最后结束时才终止。

3.3　多媒体软件项目与软件工程

3.3.1　工程和软件工程的定义

"工程"是科学的某种应用，通过这一应用，使自然界的物质和能源的特性能够通过各种结构、机器、产品、系统和过程，以最短的时间和精而少的人力做出高效、可靠且对人类有用的东西。随着人类文明的发展，人们可以建造出更大、更复杂的产品，它们不再是结构简单或功能单一的东西，而是各种各样的所谓"人造系统"（比如建筑物、轮船、飞机等），于是工程的概念就产生了，并且逐渐发展为一门独立的学科和技艺。在现代社会中，"工程"一词有广义和狭义之分。就狭义而言，工程定义为"以某组设想的目标为依据，应用有关的科学知识和技术手段，通过一群人的有组织的活动将某个（或某些）现有实体（自然的或人造的）转化为具有预期使用价值的人造产品的过程"。就广义而言，工程则定义为"一群人为达到某种目的，在一个较长时间周期内进行协作活动的过程"。

软件工程（Software Engineering，SE）是一门研究用工程化方法构建和维护有效的、实用的和高质量的软件的学科。它涉及程序设计语言、数据库、软件开发工具、系统平台、标准、设计模式等方面。

软件工程一直以来都缺乏一个统一的定义，很多学者、组织机构都分别给出了自己的定义：

（1）Barry Boehm：软件工程是运用现代科学技术知识来设计并构造计算机程序及为开发、运行和维护这些程序所必需的相关文件资料。

（2）IEEE 在软件工程术语汇编中的定义：软件工程是：①将系统化的、严格约束的、可量化的方法应用于软件的开发、运行和维护，即将工程化应用于软件；②在软件开发中应用工程化的方法的研究。

（3）Fritz Bauer 在 NATO 会议上给出的定义：软件工程是建立并使用完善的工程化原则，以较经济的手段获得能在实际机器上有效运行的可靠软件的一系列方法。

（4）《计算机科学技术百科全书》中的定义：软件工程是应用计算机科学、数学及管理科学等原理去开发软件的工程。软件工程借鉴传统工程的原则、方法，以提高质量、降低成本。其中，计算机科学、数学用于构建模型与算法，工程科学用于制定规范、设计范型（paradigm）、评估成本及确定权衡，管理科学用于计划、资源、质量、成本等管理。

目前比较认可的一种定义认为：软件工程是研究和应用如何以系统性的、规范化的、可定量的过程化方法去开发和维护软件，以及如何把经过时间考验而证明正确的管理技术和当前能够得到的最好的技术方法结合起来。

3.3.2　软件工程的目标

软件工程的目标是在给定成本、进度的前提下，开发出具有可修改性、有效性、可靠性、可理解性、可维护性、可重用性、可适应性、可移植性、可追踪性和可互操作性，并且满足用户需求的软件产品。追求这些目标有助于提高软件产品的质量和开发效率，减少维护的困难。

3.3.3　软件工程的原则

软件工程的原则是指围绕工程设计、工程支持以及工程管理在软件开发过程中必须遵循的原则。软件工程具有以下四个基本原则：

（1）选取适宜的开发范型。该原则与系统设计有关。在系统设计中，软件需求、硬件需求以及其他因素之间是相互制约、相互影响的，需要经常权衡。因此，必须认识需求定义的易变性，采用适宜的开发范型予以控制，以保证软件产品能满足用户的要求。

（2）采用合适的设计方法。在软件设计中，通常要考虑软件的模块化、抽象与信息隐蔽、局部化、一致性以及适应性等特征。合适的设计方法有助于这些特征的实现，以达到软件工程的目标。

（3）提供高质量的工程支持。"工欲善其事，必先利其器。"在软件工程中，软件工具与环境对软件过程的支持颇为重要。软件工程项目的质量与开销直接取决于对软件工程所提供的支撑质量和效用。

（4）重视开发过程的管理。软件工程的管理，直接影响可用资源的有效利用，生产满足目标的软件产品，提高软件组织的生产能力等。因此，只有当软件过程得以有效管理时，才能实现有效的软件工程。

3.3.4　软件工程的基本原理

（1）用分阶段的生命周期计划严格管理。

统计表明，50%以上的失败项目是由于计划不周而造成的。在软件开发与维护的漫长生命周期中，需要完成许多性质各异的工作。这条原理意味着，应该把软件生命周期分成若干阶段，并相应地制订出切实可行的计划，然后严格按照计划对软件的开发和维护进行管理。玻姆认为，在整个软件生命周期中应指定并严格执行六类计划：项目概要计划、里程碑计划、项目控制计划、产品控制计划、验证计划和运行维护计划。

（2）坚持进行阶段评审。

统计结果显示，约63%的错误是在编码之前造成的。错误发现得越晚，改正它要付出的代价就越大，要差2~3个数量级。因此，软件的质量保证工作不能等到编码结束之后再进行，应坚持进行严格的阶段评审，以便尽早发现错误。

（3）实行严格的产品控制。

开发人员最痛恨的事情之一就是改动需求。但是实践告诉我们，需求的改动往往是不可避免的，这就要求我们要采用科学的产品控制技术来顺应这种要求，这种技术叫变动控制，又叫基准配置管理。当需求变动时，其他各个阶段的文档或代码随之相应变动，以保证软件的一致性。

（4）采纳现代程序设计技术。

从20世纪六七十年代的结构化软件开发技术到最近的面向对象技术，从第一代、第二代语言到第四代语言，人们已经充分认识到"方法大似气力"。采用先进的技术即可以提高软件开发的效率，又可以减少软件维护的成本。

（5）结果应能清楚地审查。

软件是一种看不见、摸不着的逻辑产品。软件开发小组的工作进展情况可见性差，难于评价和管理。为更好地进行管理，应根据软件开发的总目标及完成期限，尽量明确地规定开发小组的责任和产品标准，从而使所得到的标准能清楚地审查。

（6）开发小组的人员应少而精。

开发人员的素质和数量是影响软件质量和开发效率的重要因素，应该少而精。因为高素质开发人员的效率比低素质开发人员的效率要高几倍到几十倍，开发工作中犯的错误也要少得多；而且当开发小组为 N 人时，可能的通讯信道为 $N(N-1)/2$，可见随着人数的增大，通讯开销也将急剧增大。

（7）承认不断改进软件工程实践的必要性。

遵从上述六条基本原理就能够较好地实现软件的工程化生产。但是，它们只是对现有经验的总结和归纳，为了保证赶上技术不断前进发展的步伐，我们应要承认不断改进软件工程实践的必要性。因此，不仅要积极采纳新的软件开发技术，还要注意不断总结经验，收集工程进度和消耗等数据，进行出错类型和问题报告统计。这些数据既可以用来评估新的软件技术的效果，也可以用来指明必须着重注意的问题和应该优先进行研究的工具和技术。

3.4 软件工程在多媒体软件项目中的应用

软件工程学是指导计算机软件开发和维护的学科。它涉及计算机、数学及管理学等多个学科领域，帮助人们解决软件危机的问题，使软件开发具有可修改性、有效性、可靠性、可理解性、可维护性、可重用性、可适应性、可移植性、可追踪性和互操作性，达到控制成本、加快开发进度、实现科学组织开发和协作共同开发的目的。

多媒体软件项目作为一种计算机软件，它在设计与开发过程中无不渗透着软件工程的思想，如何更好地将软件工程思想应用到多媒体软件项目的设计与制作中，成为一项非常重要的任务。软件需求分析工作是软件生存期中重要的一步，同时也是软件工程过程中非常重要的一项内容。

3.4.1 项目启动阶段

需要做好前期的需求分析工作，系统架构师作为客户与项目团队之间的桥梁，应该和客户进行很好的沟通，了解业务，为接下来的系统设计做好业务基础。一般采取的方法是到客户那里进行实地问答、考察交流。系统架构师要向客户描绘系统应该实现的功能并与客户达成共识后，才能进入系统的设计。进入设计阶段，架构师不能够只为了实现业务而随意地设置系统构件，这个时候不但要考虑系统的功能，还要考虑系统的性能和系统的扩展性。当所有的构件已经设计完成后，可以宣布系统的基础模型已经构建成功，这个时候应该用实例去测试这个模型。当系统的业务要求和性能要求满足客户的需求后，进入下一个阶段，如果不符合，则继续进行这一个阶段。

在这个阶段可以预见将来在系统的实现过程中会遇到的一些技术难点，这个时候应该把技术难点摘录出来，并且对其标明优先级别，让程序员去调查这些技术难点，并提供相应的解决方案。在这个阶段花大力气是值得的，因为现在花掉一两天的成本，可以避免在后期多花费十天或者更多的成本。项目的启动阶段以系统蓝图及系统设计图纸的完成来宣布结束。

3.4.2 项目计划阶段

在这个阶段，应该做的是完成项目进度表、人员的组建、系统的环境设置，还有项目的风险分析、开发采用的语言、代码的编码规约。这些基本上可以通过系统设计图纸所描述的系统架构来设置。项目计划阶段的中心工作就是需求分析。

需求分析研究的对象是软件项目的用户要求。必须全面理解用户的各项要求，但又不能全盘接受所有的要求，因为并非所有用户提出的全部要求都是合理的。准确地表达被接受的用户的要求，是需求分析的另一个重要方面。只有经过确切描述的软件需求才能成为软件设计的基础。作为目标系统的参考，需求分析的任务就是借助当前系统的逻辑模型导出目标系统的逻辑模型，解决目标系统"做什么"的问题。其实现过程主要有以下几个步骤：

（1）获得当前系统的物理模型。所谓当前系统可能是需要改进的某个已在计算机上运行的数据处理系统，也可能是一个人工的数据处理过程。

（2）抽象出当前系统的逻辑模型。在理解当前系统"怎样做"的基础上，抽取其"做什么"的本质，从而从当前系统的物理模型中抽象出当前系统的逻辑模型。

（3）建立目标系统的逻辑模型。分析目标系统与当前系统逻辑之间的差别，明确目标系统到底要"做什么"，从而以当前系统的逻辑模型导出目标系统的逻辑模型。

（4）补充目标系统的逻辑模型。为了对目标系统作完整的描述，还需要对前面得到的结果作一些补充。

需求分析阶段的工作，可以分成以下几个方面：问题识别、问题的分析与综合、制定规格说明和需要分析评审。接下来将结合多媒体项目的设计情况来进行具体分析。

（1）问题识别。

首先系统分析员要研究可行性分析报告和软件项目实施计划。主要是从系统的角度来理解软件并评审用于生产计划估算的软件范围是否恰当，确定对目标系统的综合要求，即软件需求，并提出这些需求的实现条件，以及需求应达到的标准。也就是解决被开发软件做什么和做到什么程度的问题。这些需求包括：

①功能需求：列举出目标软件在职能上应做什么。明确多媒体项目是为谁服务，应该完成什么样的工作。

②环境需求：这是对目标系统运行时所处环境的要求。在硬件方面，包括采用的机型、外部设备、数据通信接口等。在软件方面，包括支持系统运行的系统软件操作系统、网络软件、数据库管理系统等。在使用方面，包括使用部门在制度上、在操作人员的技术水平上应具备的条件等。

③可靠性需求：各种软件在运行时，失效的影响各不相同。在需求分析时应对目标软件在投入运行后不发生故障的概率，按实际的运行环境提出要求。特别是多媒体作品的科学性方面，不能够因为软件技术的问题而导致暂停或错误。

④安全保密需求：某些多媒体作品的安全性与保密性要求很严格，这就要求必须作出恰当的规定，以便对被开发的软件给予特殊的设计，使其在运行中安全保密方面的性能得到必要的保证。

⑤用户界面需求：软件与用户界面的友好性是用户能够方便有效并愉快地使用该软件的关键之一。如果使用者不能够非常熟练、方便地使用该多媒体作品，那么势必造成学习者的非智力失误，并对其学习心理造成不良的影响。

⑥资源使用需求：这是指目标软件运行时所需的数据、软件、内存空间等各项资源。另外，软件开发时所需的人力、支撑软件、开发设备等则属于软件开发的资源，需要在需求分析时加以确定。

通过以上的问题识别过程，使我们能够对所要开发的系统有一个比较明确的认识，为下一步更好地开发做好准备。

（2）问题的分析与综合。

问题的分析与综合是需求分析第二方面的工作。分析员必须从信息流和信息结构出发，逐步细化所有的软件功能，找出系统各元素之间的联系、接口特性和设计上的约束，分析它们是否满足功能要求、是否合理。依据功能需求、性能需求、运行环境需求等，删除其不合理的部分，增加其需要的部分。

在这个步骤中，分析和综合工作反复地进行。在对现行问题和期望的信息输入、输出进行分析的基础上，分析员开始综合出一个或几个解决方案，然后检查它的工作是否符合软件设计中规定的范围等，再进行修改。总之，对问题进行分析和综合的过程将一直持续到分析员与用户双方都感到有把握正确地制定该软件的规格说明为止。

（3）制定规格说明。

已经确定下来的需求应当得到清晰准确的描述。通常把描述需求的文档叫作软件需求说明书或软件需求规格说明。同时为了确切表达用户对软件的输入输出的要求，还需要制定数据要求说明书，编写初步的用户手册，以反映目标软件的用户界面和用户使用的具体要求。此外，依据在需求分析阶段对系统的进一步分析，从目标系统的精细模型出发，可以更准确地核算被开发项目的成本与进度，从而修改、完善与确定软件开发实施计划。

（4）需求分析评审。

作为需求分析阶段工作的复查手段，在需求分析的最后一步，应该对功能的正确性、完整性和清晰性，以及其他需求给予评价，评价的主要内容包括：①系统定义的目标是否与用户的要求一致；②系统需求分析阶段提供的文档资料是否齐全；③文档中的所有描述是否能完整、清晰、准确地反映用户要求；④与所有其他系统成分的重要接口是否都已经描述；⑤被开发项目的数据流与数据结构是否足够和确定；⑥所有图表是否清楚，不补充说明是否能够理解；⑦主要功能是否已包括在规定的软件范围之内，是否都已充分说明；⑧设计的功能是否已包括在规定的软件范围之内，是否都已充分说明；⑨是否明确了开发的技术风格；⑩是否考虑过软件需求的其他方案，是否考虑过将来可能会提出的软件需求；⑪是否详细制定了检验标准，它们能否对系统定义，是否成功进行确认；⑫有没有遗漏、重复或不一致的地方。

3.4.3　项目实施阶段

在这个阶段，编码与测试是主要的任务。程序员负责系统设计图纸中的构件的具体实现。编写出来的代码应符合编码规约中的要求。为了防止错误，程序员之间可以互相检查编写出来的代码。好的编码方式是采用测试驱动开发的方法。编写完代码后，程序员还应该自己进行测试，测试通过后才能够提交。为了跟踪项目的进度情况，应该在每天结束工作之前开会，在会议上登记当日工作的完成进度，登记遇到的问题，并且在会议上解决。

3.4.4　项目交付阶段

大的项目交付一般采用的是分期交付。当完成某一个模块后就进行交付，这时候客户也可以在验收单上面签字验收。交付的动作会持续到最后一个功能模块的完成。在这个阶段完成的成果物应该按照需求分析上面罗列的清单进行交付，交付的成果物一般为用户使用说明书和软件代码及编译后的可运行的系统。

3.5　多媒体软件项目开发的一般流程

多媒体软件项目其实是一个三维演绎的过程。项目经历"启动阶段——计划阶段——实施阶段——收尾阶段"，这是多媒体软件项目的一维演绎。在一维的每一个阶段中，掺杂的业务有需求分析、环境搭建、设计、编码、测试、交付，这是多媒体软件项目的二维演绎。在每一个业务处理中，项目的担当者还需要对项目进行进度管理、质量管理、成本管理、团队管理和风险管理，这是多媒体软件项目的三维演绎。有效地把握这三个维度是多媒体软件项目成功的关键。

3.5.1　软件项目的生命周期

多媒体软件项目的生命周期是多媒体项目从无到有的整个生命周期。由于项目的本质是在规定期限内完成特定的、不可重复的客观目标，因此，所有项目都有开始与结束。多媒体软件项目生命周期有问题定义、可行性分析、总体描述、系统设计、编码、调试和测试、验收与运行、维护升级到废弃等阶段，这种递进式划分阶段的思想方法是软件工程中的一种思想原则，即按部就班、逐步推进，每个阶段都要有定义、工作、审查、形成文档以供交流或备查，以控制时间和人力等成本，提高多媒体软件项目的质量。

典型的多媒体软件项目的生命周期模型：

1. 瀑布模型

瀑布法的生命周期模型如图3-2所示，它主要源于对减少商业软件生命周期的工业需求，是一套系统的、顺序的软件开发流程。

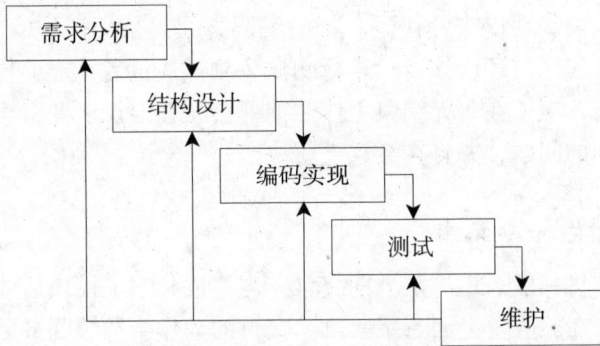

图3-2　瀑布法的生命周期模型

基于这一模型进行的程序设计多采用结构化方式。其基本思想是自上向下和逐步求精的设计策略，设计自然而方便，其优点是便于控制开发的复杂性和便于验证程序的正确性。瀑布法适用于小型多媒体项目开发。

2. 螺旋模型

螺旋式生命周期模型是科学家布恩（Boehm）在1988年提出来的，其模型如图3-3所示：

制订计划
决定目标、
方案和限制

累计
成本

风险分析
评价方案、
识别风险、
消除风险

风险分析

风险分析

风险分析

可运行
原型

提交线
评审

原型1　原型2　原型3

需求计划
生存期
计划

软件
需求

软件产
品设计

详细设计

开发计划

需求
确认

组装与测试

设计确认
与验收

单元
测试

编码

组装
与
测试

实现

验收
测试

实施工程
开发、验证
下一产品

客户评估

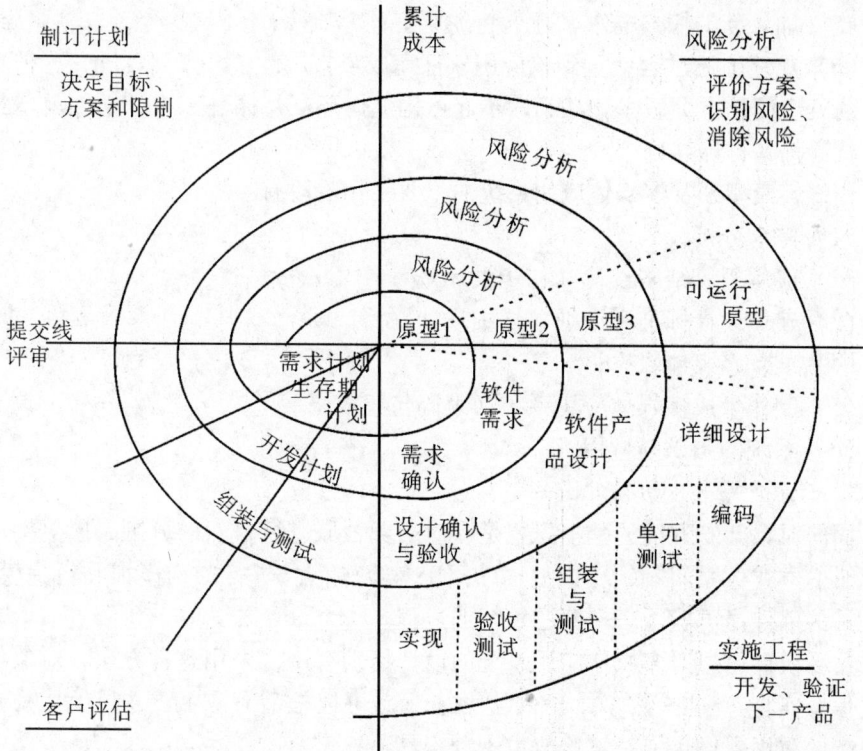

图 3-3　螺旋式生命周期模型

在螺旋模型中，允许设计者很快地根据用户需求建立最早的软件版本（称为原型），然后交付用户使用和评价其正确性与可用性，并给予反馈。这个原型在功能上近似于最后版本，但缺乏细节，需要进一步进行细节开发或修正，也可能被摒弃。如此反复地开发与修正，便形成最后版本，即产品。

螺旋模型不同于传统瀑布模型之处便是以演示代替说明方式，这非常适用于逻辑问题与动态展示的多媒体应用系统设计。其演示是通过指向、按钮、拖曳和重用等方法来完成的。采用螺旋式生命周期模型开发多媒体应用系统的步骤主要有如下几步：

（1）通过调研和访问用户、与用户面谈、查阅有效的文件资料，获得用户需求意见；

（2）在需求分析基础上设计一个应用系统原型；

（3）将原型交给最终用户使用；

（4）从最终用户处获得反馈，更改用户需求；

（5）加入新的用户需求，建立新的原型；

（6）重复上述过程，直到该应用软件完成或报废。

前五步便是一个版本，从第六步起可构成循环，每循环一次，功能就增强一些，核心仍是初始计划。

用螺旋模型开发多媒体应用系统的主要工作阶段有：

（1）需求分析；

（2）应用系统结构设计（初步设计）；

（3）建立设计标准和细则（详细设计）；

（4）准备多媒体数据；

（5）制作生成多媒体应用系统（编码与集成）；

（6）系统的测试与应用。

3. 面向对象开发方法

面向对象开发方法的基本思想是：对问题领域进行自然的分割，以更接近人类思维的方式建立问题领域模型，以便于对客观信息进行结构模拟和行为模拟，使设计的软件尽可能地表现问题求解的过程。

这种设计思想对多媒体应用系统的设计特别有用，采用这种方法，对象作为描述信息实体（如各种媒体）的统一概念，可以被看作是可重复使用的构件，为系统的重用提供了支持，修改也十分容易。

采用螺旋式生命周期配合面向对象的程序设计方法，是开发多媒体应用设计的新动向。

3.5.2 多媒体项目的生命周期

当前，多媒体作品正逐步向系列化方向发展，内容和规模不断扩大，其典型表现就是中小学多媒体作品的系列化和高校网络多媒体作品的专业系列化。如2003年教育部决定，在今后重点开发网络课程和素材库等教学软件。这就要求采用科学规范的方法来开发和管理多媒体作品，软件工程的方法就是很好的选择。把软件工程的思想用于指导多媒体项目的设计和开发，这种发展趋向就是适应现实需要而产生的，其实质就是采用工程的概念、原理、技术和方法来开发和维护多媒体作品。针对当前多媒体作品开发的状况和多媒体作品发展的趋势，越来越多的研究者认识到采用软件工程的方法开发多媒体作品的必要性，并把软件工程的方法应用到多媒体作品开发的实践中来。把软件工程引用到多媒体作品开发工程中，是计算机辅助教育和软件工程两个学科领域的交叉融合，同时也是多媒体作品开发方法的跨越。

多媒体项目开发既不同于教学设计的过程，也不同于一般软件的开发，它具有自身内在的质的约定性。从软件工程的角度看，多媒体作品作为一类特殊的软件，同样具有自身的生命周期。多媒体软件项目生命周期是指多媒体软件从提出、开发到淘汰的过程。根据多媒体软件项目的特性，可以将多媒体项目生命周期划分为项目定义与计划、设计、实现、评价和维护几个阶段，如图 3-4 所示：

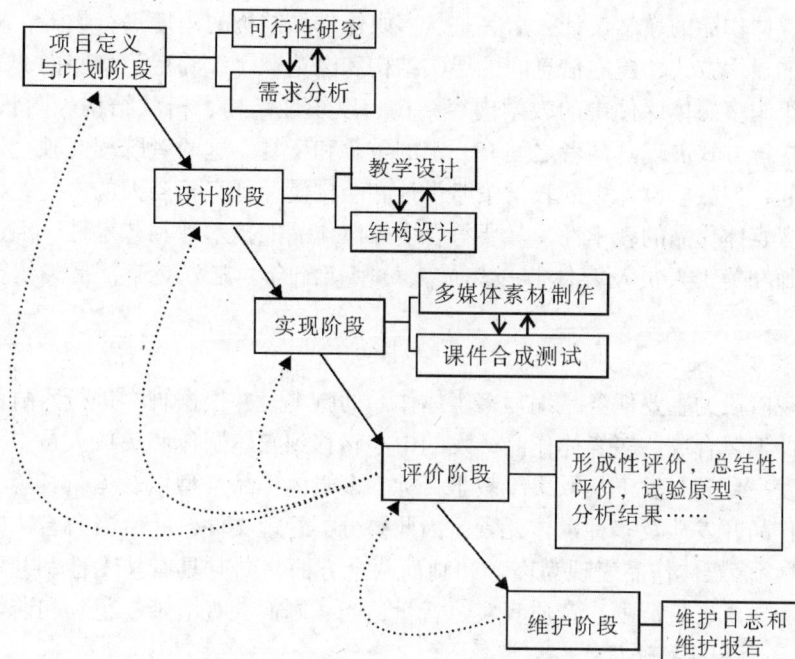

图 3-4　多媒体项目的生命周期模型

1. 项目定义与计划阶段

多媒体作品开发不同于一般软件开发，它是针对特定的课程内容进行的。从逻辑上说，是先有课程内容再有多媒体作品，多媒体作品是建立在一定课程内容的基础上的，因此，关于"要解决的问题是什么，有可行的解吗，系统必须做什么"的问题就演变成"为什么要选择这一课程内容，是否可行，需求情况怎么样，学习对象是谁"等问题。作为多媒体作品开发的前端，是由具有特定的教学内容和教学对象而引发的。

2. 设计阶段

设计阶段是整个多媒体作品开发的"重头戏",决定了之后的具体实现情况以及评价维护等一系列过程,包括教学设计和结构设计。这里的教学设计不完全等同于一般课程的教学设计,在一般的教学设计环节中,如学习者分析、课程内容分析等在项目定义与计划阶段都明确了大方向,在设计阶段,将进一步细化。这个阶段问题的中心在于"如何总体设计并具体实现多媒体作品"。设计阶段中的教学设计和结构设计,是针对不同的中心来设计的,前者是从课程教学的角度进行多媒体作品的教学设计,后者是从多媒体作品结构的角度进行设计,安排目录主题的显示方式,建立信息间的层次结构和浏览顺序,确定信息间的交叉跳转关系,组织多媒体课件中的教学内容结构,以线性结构、树状结构、网状结构、混合结构等方式展现。两者之间有一定的重叠和反复。这两者既相互独立,又交织在一起,如教学设计中的教学策略设计和结构设计是有相当大的重复,设计既要符合多媒体作品的教学性,又要符合多媒体作品的技术性和艺术性,因此需要学科教师和美工人员及媒体制作集成人员密切配合、充分交流,是集体智慧的结晶。

3. 实现阶段

实现阶段的主要任务是编写多媒体作品的脚本,并根据脚本进行素材的制作和作品的编辑合成。多媒体作品开发的中心转移到媒体制作和集成人员上。选择何种开发平台和开发工具取决于教学目标、多媒体作品类型以及运行环境。由于多媒体作品开发涉及多种媒体元素,因此要分类管理文件,并恰当命名,以"见名识义"。多媒体作品表现为声音和画面两个方面,同时具有技术性和艺术性的要求,如要求音色清晰、音质真实、音量适当、画面美观清晰、色彩和谐等。

4. 评价和维护阶段

评价和维护阶段的主要任务是试用评价和维护修改。通过多媒体作品在教学实践中的试用,从教和学两个方面进行评价,从而发现多媒体作品的失当之处,如多媒体作品结构、媒体元素、呈现内容等方面问题,形成测评报告,以进行修改完善。评价维护是一个重要的环节,构成了对多媒体作品整体开发的反馈,推动了多媒体作品质量的提升。

评价和维护虽然是多媒体作品开发的末端,但又是一个渐进完善多媒体作品的过程,贯穿多媒体作品从开发到淘汰的始终。多媒体作品的评价要采用学习评价理论,以学习者最终达到的学习目标和学习效果为根本依据,从而推广运用多媒体作品。

3.5.3 多媒体软件项目测试

多媒体项目集成之后，最后一个阶段是系统测试。

多媒体项目测试的定义：使用人工或自动的手段来运行或测定某个软件系统的过程，其目的在于检验它是否满足规定的需求，弄清预期结果与实际结果之间的差别。

多媒体项目测试在于检查多媒体系统中潜在的错误或者缺陷，并尽早改正这些错误和缺陷。测试进行得越早，改正得越早，付出的成本就越小；越到项目的后期，修补这些错误或者缺陷所付出的代价就越大。

V 模型（如图 3-5 所示）是项目测试过程中常见的一种模型，它是依据越早测试代价越小的测试思想设立的一种模型。V 模型反映了开发过程和测试过程的关系，在测试软件的过程中起着重要的作用。

在这种模型的测试过程中，首先进行可行性研究需求定义，然后以书面的形式对需求进行描述，产生需求规格说明书。之后，开发人员根据需求规格说明书对软件进行概要设计，测试人员根据需求规格说明书设计出系统测试用例。概要设计之后，开发人员根据概要设计对软件进行详细设计，测试人员根据概要设计设计出集成测试用例。详细设计之后，开发人员根据详细设计进行编码，测试人员根据详细设计设计出单元测试用例。编码完成之后，测试人员根据单元测试用例对设定的软件测试单元进行测试，单元测试完成之后，进行集成测试，然后进行系统测试，最后进行验收测试。

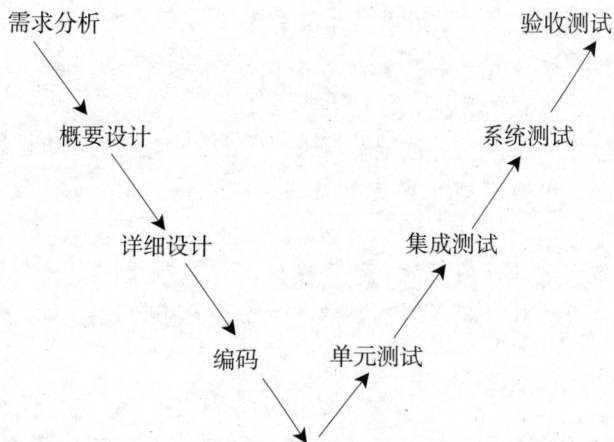

图 3-5 V 模型的项目测试

3.5.4 多媒体软件项目计划书

多媒体软件项目应经过精心的创意设计，因此，多媒体设计的选题和评估可行性的工作十分重要。多媒体应用系统选题范围是没有限制的，但必须经过严格思考后方可确定。主题确定以后，应该编写选题报告和计划书。选题报告和计划书中，应包括以下几项分析报告：

（1）用户分析报告。

基本用户；使用场合；用户计算机应用水平；扩展用户；用户一般特点和使用风格的分析等。

（2）设施分析报告。

硬件基本装备；辅助设备；多媒体软件；软件环境等。

（3）成本效益分析报告。

系统管理效益、经济效益、市场潜力；人力投入、资金预算；时间花费；资源消耗、资金来源；信息的使用价值；使用频率（指要使用的多媒体数据）等。

（4）系统内容分析报告。

系统总体设计流程；多媒体元素系统的组织结构等。

以上分析报告的目的是：确定使用对象和要求；确定应用系统设计结构；建立设计标准，为以后项目的设计、实现、测试提供依据等。

【思考题】

1. 项目的定义是什么？项目有哪些基本特点？

2. 项目管理的定义是什么？多媒体项目管理的定义是什么？

3. 软件工程具有多种定义，这些定义的侧重点分别是什么？

4. 请阐述软件工程的目标、原则和原理。

5. 多媒体软件项目开发一般分为哪几个阶段？每个阶段的重点工作是什么？

6. 请对比分析瀑布模型和螺旋模型的优缺点，它们分别适合哪种类型的多媒体项目？

7. 请阐述多媒体软件项目的生命周期。

8. 什么是多媒体软件项目测试？它可以分为几个阶段？

【实训题】

1. 假定你要为某个学校制作一个多媒体软件项目，请运用本章中所讲的某种生命周期模型理论作指导，详细列出该项目的制作阶段或步骤，并阐述为什么要采用这种模型。

2. 请以你感兴趣的某种学科为例，结合本章所学的内容，制订一份有关多媒体软件项目的计划书。

THE TECHNOLOGY AND CREATION OF MULTIMEDIA

The Foundation of Interface about Multimedia Software Design

第 4 章

多媒体软件界面设计基础

本章主要介绍了多媒体软件的界面构成要素、界面设计原则、交互控制界面设计、内容信息界面设计、界面设计中色彩的运用以及界面设计评价等方面的内容，重点是界面设计中色彩的运用。

【本章学习要点】

界面是用户与多媒体软件交互的窗口，用户通过界面向计算机输入信息进行查询和控制，多媒体软件则通过界面向用户提供信息以供阅读、分析和判断。多媒体软件中可以使用文本、声音、图形图像、动画、视频等素材表达教学内容。信息表达方式的增多，一方面能够更生动、形象地表达作品内容，另一方面也增加了作品设计的难度。一个多媒体软件即便构思多么精巧、内容设计多么完好、多媒体素材多么丰富，如果其表现方式不当，即界面设计不当，使用效果也将大受影响，甚至很难被广大用户所接受。好的多媒体软件，用户在使用后的第一感觉就是其界面设计使人耳目一新，一进入就被吸引住了。

多媒体技术发展到今天，原来仅仅作为一个分支的界面设计技术已逐渐演变成了一门独立、完整的学科，甚至发展成了一个专业，包含的内容非常广泛。在本课程的学习中，根据多媒体素材制作和多媒体软件项目创作需要，读者可将学习重点放在多媒体软件界面构成要素、界面总体设计原则、交互控制界面设计、内容信息界面设计、界面设计中色彩的运用以及界面设计评价等方面，特别是色彩的运用方面。其他内容，读者如有兴趣，或想进行全面了解，可自行参考专门的教材。

【本章内容结构】

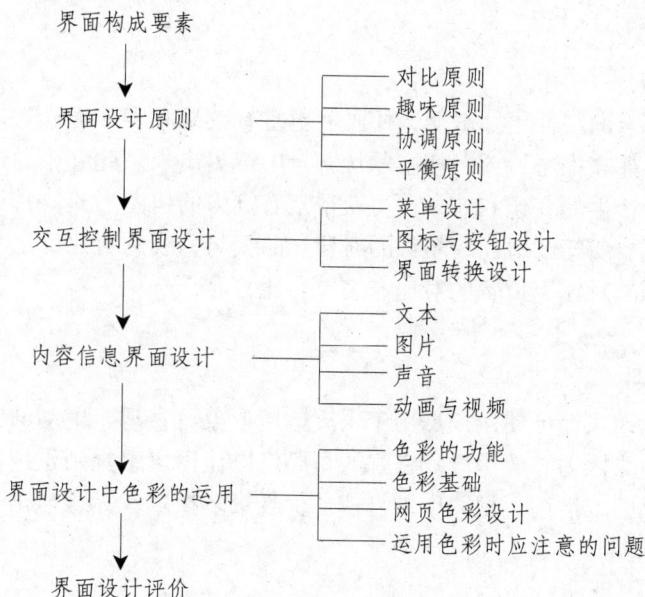

界面构成要素

界面设计原则 —— 对比原则
　　　　　　　　趣味原则
　　　　　　　　协调原则
　　　　　　　　平衡原则

交互控制界面设计 —— 菜单设计
　　　　　　　　　　图标与按钮设计
　　　　　　　　　　界面转换设计

内容信息界面设计 —— 文本
　　　　　　　　　　图片
　　　　　　　　　　声音
　　　　　　　　　　动画与视频

界面设计中色彩的运用 —— 色彩的功能
　　　　　　　　　　　　色彩基础
　　　　　　　　　　　　网页色彩设计
　　　　　　　　　　　　运用色彩时应注意的问题

界面设计评价

071

4.1　界面构成要素

　　界面是多媒体软件传递信息的窗口，所传递的信息主要有两类：交互控制类信息和内容信息。交互控制类信息的表达方式主要有菜单、按钮、图标、热点、热区等，用户通过使用它们以实现对多媒体软件的控制，例如查看、翻页、播放、退出等；内容信息的表达方式主要有文本、图形图像、视频、动画等多媒体素材，主要用来呈现知识内容、演示说明、举例验证、显示问题等。这两类信息构成了多媒体软件界面的组成要素，对界面的设计就是对这些要素的设计。

　　界面设计是多媒体软件开发的一个重要研究领域。界面在研究中不断地发生变化：从命令行接口到现在的图形用户接口；从线性链接到非线性超媒体链接；从单一媒体到现在的多媒体。计算机系统正在朝智能化方向发展，未来的人机系统，用户可以通过界面以非常自然的方式进行人机或人人交流。

4.2　界面设计原则

　　界面设计中常遵循的原则主要有对比原则、趣味原则、协调原则以及平衡原则。

4.2.1　对比原则

　　通过对比，双方各自的特征更加鲜明，使画面更富有效果和表现力。通过对比，可以在界面中形成趣味中心，或者使主题从背景中突出出来。此外，通过强调由对比双方的差异所产生的变化和效果，可获得富有魅力的构图形式。常用的对比方法有大小的对比、明暗的对比、粗细的对比、曲线与直线的对比、水平线与垂直线的对比、质感的对比、位置的对比与多重对比等。

4.2.2　趣味原则

　　在界面设计中注意趣味性可使用户寓用于乐。运用形象、直观、生动的图形优化界面是提高软件趣味性的有效手段。良好的布局可以让用户感觉到乐趣。常见的趣味原则有：变化中求活泼、规律中求自信、少凝聚多扩散、标题与正文比率、形态的意象等。

4.2.3 协调原则

协调原则是相对于对比原则而言的，所谓协调，就是将界面上的各种元素之间的关系进行统一处理、合理搭配，使之构成和谐统一的整体。协调原则要求主要内容突出、图形与文字比例恰当、色彩均衡等。协调原则包括主从协调、动静协调、出入协调、线条协调、文字大小协调、空白区与信息展示区协调等。

4.2.4 平衡原则

界面设计良好的一个重要标志是让用户感觉到画面平衡。常见的画面平衡有中央平衡、对角平衡、支撑平衡、对称平衡、左右平衡、比例平衡等。

4.3 交互控制界面设计

多媒体软件中的交互功能是通过菜单、窗口、图标、按钮等方式实现的，其界面的设计除遵循以上原则外，还应注意如下几点：

（1）象征性。使用熟悉的象征物做菜单、图标、按钮时，用户就能较快地了解其功能，节省熟悉界面的时间。设计时可提供一些生活中的象征物，如阅读书籍内容，可以"书"作为背景象征物；搜索、查询，可用"图书馆"、"博物馆"或"放大镜"作象征物等。

（2）一致性。菜单、图标、窗口、按钮等界面在多媒体软件中的位置、大小、功能、出现的时机和提示用语等要保持前后一致。

（3）可用性。基本的搜索或换页功能如前页、后页、返回、回主菜单等要一直留在界面上，并建议设置对应的文字菜单，让用户无须记住指令即可使用。

4.3.1 菜单设计

菜单是多媒体软件中最常见的交互方式之一，分为分项式、导游式、弹出式、下拉式、图形式等方式，设计时要根据信息内容性质和用户决定其形式，做到方便、简洁和美观，建议多使用下拉式菜单。

4.3.2 图标与按钮设计

最好基于现实物体设计。大小一般有两种：标准和较小，标准的是 32×32 个像素，较小的是 16×16 个像素。若有可能，可设计成三维的方式并恰当运用色彩。为增强立体效果，还可增加一些阴影效果。

073

4.3.3 界面转换设计

界面间的转换如同电视画面间的转换，好的界面转换设计有助于用户理解画面之间的知识结构和知识层次。界面转换设计的基本原则是要使用户的注意力从这一界面自然过渡到下一界面，中间没有明显的视觉间断感和跳跃感。要达到这一点，必须做到界面切换自然，恰当地处理图形和动画画面的衔接，界面间的衔接必须符合事物发展的规律，等等。

4.4 内容信息界面设计

多媒体软件内容的表现要用到文本、图形图像、动画、视频和音频等多媒体素材。如果交互控制界面设计合理、美观，但具体内容不加注意，整体应用效果就会大打折扣。"内容为王"，从这个角度来说，内容信息的界面设计比交互控制界面更加重要。

4.4.1 文本

在多媒体软件中，文本承担着表意、说明、概括、总结等作用，是传递信息的主要载体。在计算机系统中，我们把文字和符号统称为文本。在使用文本时要注意以下几个方面：

①文字密度。在使用文本来传递信息时，应该用尽量少的文字来表示事实或概念的含义，不能用满屏都是文本的方法。用语要精炼，多用短句，排列要整齐，一般采用左对齐方式，标题可采用居中方式，数字采用右对齐方式。

②字体。除了大型字号标题等可以选择一些带有美术色彩的艺术字体外，文本通常应选择易读的字体，否则会因字体太难识别而影响使用效果。另外，在国内使用时应选择简体中文及笔画较粗的字体，若一定要用笔画较细的字体（如宋体），则可采用加粗其笔画的方式来达到目的。

③色彩与字号。文字的色彩可根据内容而定，要体现出内容层次。如一级标题、二标级题、三级标题和正文分别用不同的色彩，但也要避免由于色彩过多而令人眼花缭乱。字号不能太小，字间距、行间距要适当，使人较易识别。

上述文本使用过程中的注意事项，在用于演示型多媒体软件中尤为重要，否则将会造成字体太小、文字太密集及色彩太刺眼的结果，严重影响使用效果。

4.4.2 图片

多媒体软件均采用或多或少的图片。作为信息内容的图片，使用时没有太多的要求，只要效果清晰，能说明问题就行。但图片文件的体积不能太大，否则运行或显示的速度会很慢。一般用 JPG 格式的文件较为适宜，因为 JPG 图片压缩比可灵活选择，而且图片质量也可基本满足要求。

图片除直接用于显示信息内容外，另一个重要的用途是作为背景而出现，效果好的背景不仅起到美化画面的作用，而且也能揭示出对应信息内容的深刻含义。使用图片作为背景时要注意以下两点：

①背景图片色调不能太深或太鲜艳，否则主题文字色彩不好设置，不仅使显示信息内容较为困难，而且还会喧宾夺主。

②背景图片不能太实，色彩种类不能太多。太实或色彩种类太多同样会导致喧宾夺主，而且也使主体文字色彩不好设置。在设计界面时，建议不用或少用底图，可以用一些小图片如小花、小草、小鸟等点缀画面，起到美化画面的作用。

4.4.3 声音

恰当地使用声音文件能起到引起注意、提示反应、表示事件进程、提供情景音效、提供反馈等作用，然而用不好则会起到干扰、噪声的作用。使用声音文件应注意以下几点：

①不能太多：过多的声音不但不能帮助用户使用，反而会影响其使用效果。

②音量尽量设置可调：每个人对声音的灵敏度不同，同样声压级的声音对有些人来说是悦耳动听，而对另外一些人来说则太大而变为噪音，所以音量可调尤为重要。

③用声音作转场效果声。这一点在演示型多媒体软件中较为重要，当画面切换时，添加声音能起到提示作用。

4.4.4 动画和视频

动画和视频能使用户较为直观地观看信息内容发生、发展、结束的全过程，具有形象、直观、声形并茂的特点，适当采用能起到加深对信息内容理解的作用。但若为增加趣味性或展示技术而过多地加入视频文件，不仅造成多媒体软件体积过大使多媒体软件运行速度较慢，而且某些格式的视频文件需要特殊的驱动程序和播放器，容易造成死机，从而降低软件的兼容性。使用视频文件时应注意以下几点：

075

①体积不能太大：最好采用压缩比较高的 MPG1 或 MPG4 格式，当然，如采用 RM 等流式格式，则效果会更好。

②用户能自主控制视频的播放过程：可在视频文件窗口下面设置一些操作控制按钮，如放映、暂停、停止、快进、快退等，以方便用户根据自己的情况进行操作。视频窗口的位置和大小也应设置为可调。

4.5 界面设计中色彩的运用

4.5.1 色彩的功能

色彩是一种对人的视觉最有冲击力的元素，多媒体软件当然也不能离开色彩的表现。色彩是形成课件界面外部风貌、构成形式美的重要因素，是促进用户接受多媒体软件内容的首要一环。正确地使用色彩，能使界面构图美观，内容表达清晰，层次条理分明，从而有较强的吸引力，并达到信息内容从机器向用户转化的目的。总的来说，色彩在界面设计中具有以下几个主要功能：

（1）组织界面信息功能。

在设计多媒体软件时，根据界面的布局，为各组成部分填充不同的背景色彩，可使界面所呈现的信息更清晰，利于用户对区域的识别，从而便于操作和分辨，减少用户的认知负荷，以达到提高使用效果的目的。如因界面大小有限，无关的信息内容显示在一起，可用不同背景色将其区分，而与内容有关的信息不得分离显示时，可以用同一背景色彩将其联系在一起。

（2）突出、强调功能。

当在界面上需要显示大量文字时，可以为不同级别的标题设置不同的色彩，利于识别，使条理更清晰；也可以把同一级别的大量文字中需要强调或需要解释的关键词语用不同色彩表示。在显示表格时，也可把表格中的表头或左侧一列的背景和字的色彩，设置为与正文背景色和字色不同的色彩，使其更清晰。

（3）提示、警示作用。

可以用不同的色彩来代表不同的提示或警示信息。如用绿色的按钮表示"开始"，红色的按钮表示"停止"，红色边框文本框表示标题区，蓝色边框文本框表示正文区，红色区域显示警告信息，黄色区域显示帮助信息。

（4）增添界面的吸引力，激起用户兴趣。

色彩越丰富越能逼真地反应客观世界。在设计多媒体软件时，恰当地使用色彩，能使界面呈现出丰富的色彩，更能吸引用户兴趣，使其保持较长时间的注意力去注意界面上的内容，从而达到较高的使用效率。

4.5.2　色彩基础

色彩的物理本质是波长不同的光。我们看到的色彩，事实上是以光为媒体的一种感觉，色彩是人在接受光的刺激后，视网膜的兴奋传送到大脑中枢而产生的感觉。在自然景物中，各种光线都能分解成独立的红、绿、蓝三种色彩，这三种色彩光按一定比例混合，形成光谱中的其他色彩光，这三种色彩被称为三基色。如果两种色彩混合，获得白色，这两种色彩就互为补色。色的基本属性包括色相、色饱和度（色纯度）和色明度（也叫色亮度）。

（1）色相。

色相主要是指色彩的性格，又称色性。各种色彩都有其独特的性格。某种色彩通过对视觉的刺激，能够诱发人们某些生理上和心理上的感觉，唤起某种想象或感情，在进行界面设计的时候一定要特别注意。

红色：波长最长，穿透力强，感知度高，特别引人注目。红色容易使人联想到太阳、热血、花卉等这些物象，给人的感觉是兴奋、活泼、热情、希望、忠诚、健康、幸福等这样一些向上的倾向，红色也是中国传统的喜庆色彩。深红和带紫色的红给人的感觉是庄严、稳重而又热情，在欢迎贵宾的场合比较常见。含白的高明度的粉红色有柔美、甜蜜、梦幻、温雅的感觉，几乎成为女性的专用色彩。

橙色：橙色和红色同属于暖色，同属于激奋色彩。橙色具有红与黄之间的色性，它容易使人联想起火焰、灯光、水果等物象，是最温暖、响亮的色彩，有辉煌、跃动、炽热、幸福的感觉。橙色也和红色一样，瞩目度高，容易引起视觉疲劳，所以在设计界面的时候，不适合大面积使用，但可以把它作为小面积的点缀色，起到使界面跳亮、活泼的效果。

黄色：黄色是所有色相中明度最高的色彩，能够使人产生活泼、光明、辉煌、希望等印象。含白的淡黄色使人能感觉到平和、温柔，含大量淡灰的米色或本白则是很好的休闲自然色，深黄色却另有一种高贵、庄严感。因为黄色极易被人发现，还被用作安全色。

绿色：绿色象征生命、青春、和平、新鲜等。人的视觉最能适应绿色光的刺激，绿色也最适应人眼的注视，有消除视觉疲劳的调节功能。黄绿色能够带给人们春天的气息，特别受儿童和年轻人的欢迎。蓝绿、深绿是海洋、森林的色彩，有着深远、睿智等含义。含灰的绿，如青绿、墨绿等色彩，则给人以成熟、沉稳、深邃的感觉。

蓝色：蓝色是典型的冷色，蓝色所体现出来的意味是沉静、理智、透明等。

077

浅蓝色给人感觉比较明朗，能够显示出青春的朝气，但也有不够成熟的感觉。深蓝色沉着、稳定。靛蓝、普蓝在民间应用很广，也成了民族特色的象征。

紫色：紫色具有神秘、高贵、优美、奢华的气质。紫色有时也会让人感到孤寂、消极，尤其是较暗或含深灰的紫，容易给人不祥、腐朽、死亡的印象。

黑色：黑色没有色相和纯度，而且是明度最低的色彩。一般给人的感觉是沉静、神秘、严肃、庄重，另外，也容易让人产生悲哀、恐怖、沉默、罪恶等这类消极印象。黑色的组合适应性非常广，一般的色彩和黑色相配，都可以取得良好的效果。黑色与深色的搭配最好不要大面积使用，因为会使人产生压抑、阴沉、恐怖的感觉。

白色：白色给人以洁净、光明、朴素等感觉。与其他色彩搭配的时候，其他色彩会显得更鲜丽、更明朗。另外，多用白色也可能产生平淡无味、单调、空虚的感觉。

灰色：灰色是中性色，给人以柔和、平稳、朴素、大方的感觉。任何色彩都可以和灰色相混合，略有一点色相感的灰色能给人高雅、细腻、有素养的高档感觉。当然滥用灰色也易暴露其乏味、寂寞、忧郁、无激情的一面。

（2）色纯度。

色彩的纯度即色彩的饱和度，指物像色彩纯正的程度，或者说色彩中掺某一种灰色的程度。掺某一种灰色越少，纯度越高，色彩越鲜艳；掺某一种灰色越多，纯度越低，色彩越清淡。纯度的组合设计是决定界面感觉华丽、高雅、古朴、含蓄等这些风格的关键。

纯度高的色彩具有很强的吸引注意力的能力，可是人的眼睛长时间地盯着看会产生疲惫感，心理上也会产生类似烦躁、倦怠等这样一些不良情绪。多媒体软件的界面要能够给用户带来长时间的情感上的平静与愉悦而并非是一时的刺激，在考虑大面积运用高纯度的色彩的时候需要采取谨慎的态度。

在多媒体界面背景的设计中，背景作为映衬承载内容的基底，运用高纯度的色彩虽然强硬抢眼，但是却坐不住镇，从这一点来说，应提倡低纯度色彩在背景设计中的运用，可以在细节上适当运用高纯度色彩进行装饰点染。

（3）色明度。

色明度是指色彩的明暗程度，也可以说是色彩的深浅差别。明度的差别有两种，一种是指同种色相的深浅变化，另一种是指不同色相之间存在的明度差别（如黄色明度最高，蓝紫色明度最低）。明度和光线的强弱关系密切，光线越强，明度越高；光线越弱，明度越低。也可以用黑白度来表示，越接近白色，明度越高；越接近黑色，明度越低。在实际运用中，明度对比所产生的视觉作用高于纯度对比所产生的视觉作用。

　　多媒体软件界面中的色彩一般都是色相、纯度、明度中各种元素的综合变化和搭配。设计者在进行多种色彩综合对比时要强调、突出色调的倾向，或以色相为主，或以明度为主，或以纯度为主，使某一方面处于主要地位，强调对比的某一侧面。界面的色调倾向，大致可归纳成以下几种：

　　（1）鲜色调。

　　鲜色调是指主要色彩的纯度比较高的界面。在设计鲜色调界面的时候，最好考虑与无彩色的黑、白、灰相配，无彩色的黑、白、灰能够起到间隔、缓冲、调节的作用，让整个界面达到变化又统一的效果。鲜色调的界面给人的感觉是生动、华丽、兴奋、积极的。如图 4 - 1 所示。

图 4 - 1　鲜色调

　　（2）灰色调。

　　灰色调是指主要色彩的纯度比较低的界面。为了加强这种灰色调倾向，经常和无彩色特别是灰色组配使用。灰色调的界面给人的感觉是高雅、大方、沉着、古朴等。如图 4 - 2 所示。

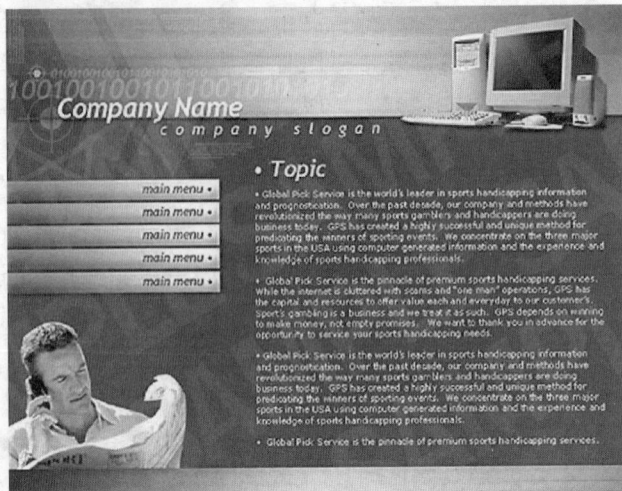

图4-2 灰色调

（3）深色调。

深色调是指主要色彩的纯度和明度都比较低的界面。低纯度低明度的色彩大面积运用会形成整个界面的深色调。设计深色调界面的时候，一般首先考虑多选用低明度色相，如蓝、紫、绿等，然后降低色彩的明度和纯度。为了加强这种深色倾向，也可以和无彩色中的黑色或者深灰色组配使用。深色调的界面给人老练、稳重、男性化等感觉。图4-3是一幅深色调的界面，用了黑色和明度很低的蓝色、绿色，上边的一条橙色边纯度非常低。深色调的界面与鲜色调的主体界面形成了对比，主要内容就显得很突出。

图4-3 深色调

（4）浅色调。

浅色调是指主要色彩的纯度和明度都比较高的界面。设计浅色调的界面时，一般首先考虑多选用高明度色相，如黄色、橘色等，然后提高所选色彩的明度和纯度。为了加强这种浅色倾向，也可以和无彩色中的白色或者浅灰色组配使用。浅色调的界面会给人以柔和、文雅、甜美、女性化等感觉。如图 4-4 所示。

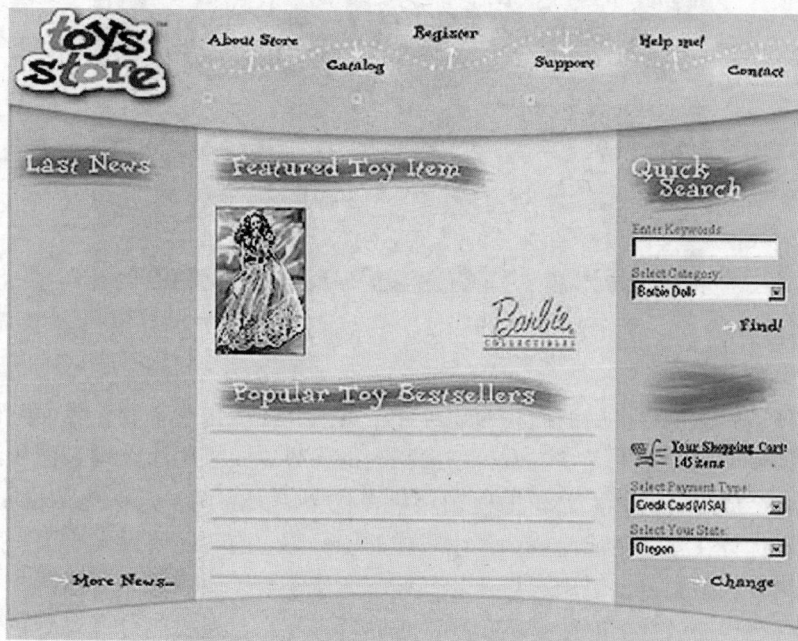

图 4-4 浅色调

（5）中色调。

中色调是指主要色彩的纯度和明度都呈现不太浅也不太深、不太鲜也不太灰的中间状态的界面。中色调是一种使用最普遍、数量最多的配色倾向，给人以随和稳定的感觉。如图 4-5 所示。

图 4 - 5　中色调

此外，界面色彩搭配的面积对比也非常重要，在优化或者变化界面整体色调的时候，最主要的是先确立基调色的面积统治优势。一幅界面如果大面积地使用鲜色，就会成为鲜调，大面积地使用灰色，就会成为灰调，其他色调也是这样。这种色彩优势在整体中能使色调产生明显的统一感。同时还要设置小面积对比强烈的点缀色和强调色，运用点缀色和强调色会使整个界面色彩气氛活跃丰富。所以，在进行界面设计的时候，不仅要考虑到色彩配合，还要充分考虑到色彩的面积对比。

4.5.3　网页色彩设计

在多媒体软件界面的设计中，网页界面是一种非常重要的类型，特别是在当前的多媒体网络时代，大多数多媒体软件在网络上都以网站和网页界面的形式出现。下面就以网页为例，讲述色彩的具体设计。

（1）网页色彩搭配的要求。

一般来说，网页色彩的搭配，应注意以下几方面的要求：

色彩的鲜明性——网页的色彩要鲜明突出，容易引人注目。

色彩的独特性——要有与众不同的色彩，使得用户对网页具有深刻的印象。

色彩的合适性——色彩和表达的内容相适合。如用粉色体现女性主题网页的柔性。

色彩的联想性——不同色彩会产生不同的联想，蓝色想到天空，黑色想到黑夜，红色想到喜事等，选择色彩要和网页的内涵相关联。

具体搭配色彩时，可先确定一种能表现主题的主体色，然后根据具体的需要，如内容特点和用户的个性特征，应用色彩的近似和对比来完成整个页面的配色方案。整个页面在视觉上应是一个整体，以达到和谐、悦目的视觉效果。

（2）各要素色彩搭配。

网页的成功，往往取决于色彩的搭配和内容的含金量。本章重点在于色彩，所以下面只探讨网页中各要素色彩的搭配。

网页标题：网页标题是网站的指路灯，用户要在网页间跳转，了解网站的结构和内容，都必须通过导航或者页面中的一些小标题。在搭配中，可以使用稍微具有跳跃性的色彩，吸引浏览者的视线，让他们感觉网站清晰、明了、层次分明，且想往哪里走都不会迷失方向。

网页链接：一个网站不可能只是单一的一页，所以文字与图片的链接是网站中不可缺少的一部分。这里特别指出文字的链接，因为链接区别于文字，所以链接的色彩不能跟文字的色彩一样。现代人的生活节奏相当快，不可能浪费太多的时间在寻找网页的链接上。设置独特的链接色彩，自然而然会驱使用户移动鼠标、点击鼠标。

网页文字：如果一个网页使用了背景色彩，必须要考虑到背景色彩的用色及与前景文字的搭配等问题。一般的网页侧重的是文字，所以背景可以选择纯度或者明度较低的色彩，文字用较为突出的亮色，让人一目了然。当然，有些网页为了让用户对网站留有深刻的印象，在背景上作文章。比如一个空白页的某一个部分用了很亮的一个大色块，会让用户豁然开朗。为了吸引用户的视线，突出背景，文字就要显得暗一些，这样文字才能跟背景分离开来，便于用户阅读文字。

网页标志：网页标志是宣传网站最重要的部分之一，所以这部分一定要在页面上突迎而出。怎样做到这一点呢？可以将 Logo 和 Banner 做得鲜亮一些，也就是在色彩方面跟网页的主题色分离开来。有时候为了更突出，也可以使用与主题色相反的色彩。

（3）实例分析。

图 4 -6 是关于 CG 设计的专业网页，采用丰富的色彩来搭配。因为是一个艺术性相对较强的网页，所以采用的鲜色调比较明显，给人第一感觉就是抢眼，很容易吸引用户的眼光，Logo 处用红色则可突显出更加积极、热情的艺术创作意念。

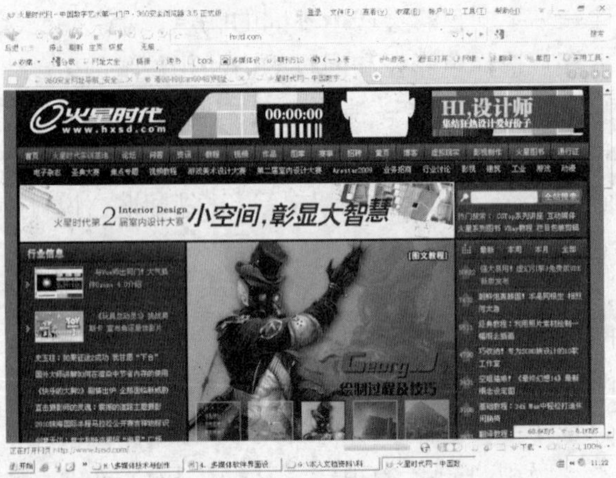

图 4-6　CG 设计的专业网页

图 4-7 是一个国际性运动品牌的中文网页，页面技术由 flash 完成，大面积的深色调让人感觉威严和统一，虽然周围的色彩比较深沉，但是能够突出中间的主要部分，这样分明的色彩搭配能够让人感觉主题突出的运动气质，不但华丽而实际，而且给人一种一目了然的感觉，达到了让人运动起来的效果。

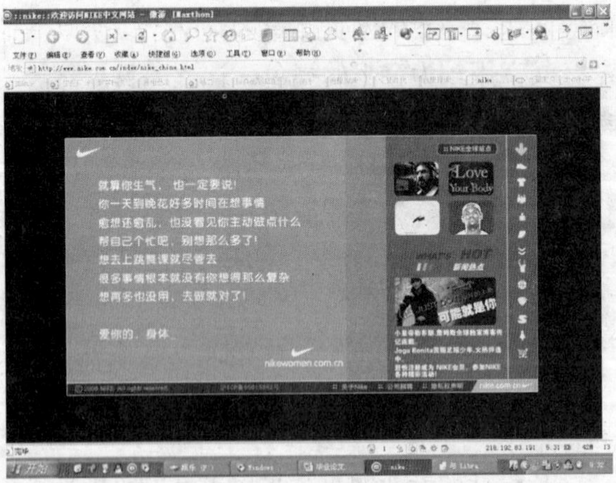

图 4-7　国际性运动品牌的中文网页

图 4-8 是国际饮料品牌可口可乐的官方网页，它运用的色彩以红色为主，因为红色是该品牌的官方标准色，所以主题和内容很和谐地融合在一起，如火的热情，兴奋中带着希望，深色里包容着炫耀的红色，能达到最好的宣传效果。

图 4-8　可口可乐的官方网页

图 4-9 是一个反面的例子，页面设计简单而且色彩搭配没有吸引力，色彩没有过渡，也没有衬托，让用户不明白其起到的作用是什么，此网页虽然内容丰富，但是要做到色彩搭配清晰、页面与主题相得辉映，确实还需要进行深层次的界面设计才行。

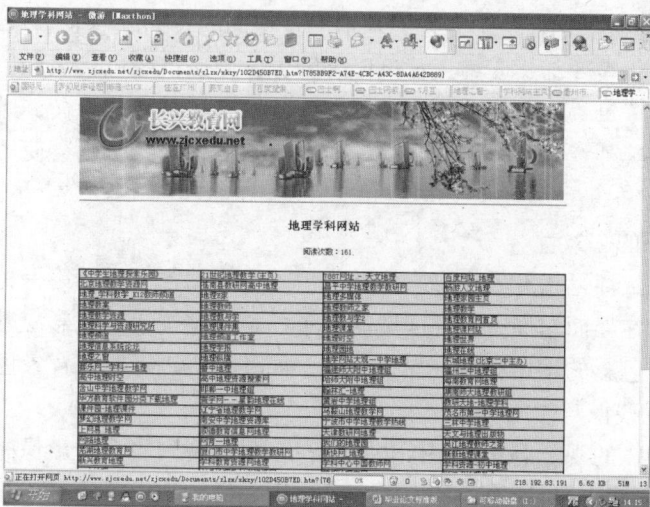

图 4-9　某学科网页

4.5.4　运用色彩时应注意的问题

设计多媒体软件界面时，色彩运用得当，能使界面高雅、清爽，内容条理清晰，激起用户的兴趣，从而可以得到较好的使用效果。但若色彩使用不当，则会起到相反的作用。所以在运用色彩时要注意以下几个问题：

（1）同一界面不能同时使用太多的色彩。

过多地使用色彩，会导致色彩本身给用户带来的信息过多，这样不仅削弱了用户对内容的学习精力，而且过多的色彩会增加用户的反应时间，增加出错的机会，易使用户产生视觉疲劳。所以在同一界面内，避免使用过多的色彩，一般以四五种为限。

（2）色彩配置应高雅、清爽。

作为背景色的色彩选择应高雅、清爽，不能选用色调太深或太浓的色彩。选择太深或太浓的色彩，一方面会较快地引起用户的视觉疲劳，另一方面还会因主体文字色彩难搭配而造成主体不突出的结果。

（3）所用色彩的含义要与人们生活中所识的色彩含义相同。

不同国家、不同的民族由于其历史经历的不同，就同一种色彩而言，其所蕴涵的意义可能各不相同。

如同样是蓝色，对好莱坞影迷来说，意味着温柔和色情，而对医学界来说，蓝色则意味着死亡等。但就我们国家而言，由于各民族历史经历基本相同（各民族长期混居），所以每种色彩的含义基本上是相同的，如红色表示停止、火、热、危险；蓝色则代表冷却、安静；黄色代表警告、慢速；绿色代表开始、环保、心情舒畅等。由于每一种色彩在人们心目中已基本有了对应的含义，所以我们在使用色彩来表达某种意义的时候，要与人们的期望值相同，否则会使用户感到迷惑和混乱。

（4）色彩的一致性。

色彩的一致性是指在一个多媒体软件中，色彩的含义应始终保持一致，不宜过分地改变。在界面布局中，各区域的背景色、各种按钮的色彩应基本不变。在同一区域中，色彩的运用更应该保持一致，如各种级别标题的背景色、字色等。

（5）视觉残像与渗漏。

当外界物体的视觉刺激作用停止以后，在眼睛视网膜上的影像感觉并不会立刻消失，这是由于神经兴奋所留下的痕迹作用，这种视觉现象称为视觉残像。如图 4-10 所示。

另外，两种色彩在同一界面中并置，会出现相互影响的情况，越接近交界线，影响越强烈，会引起色彩渗漏现象。如图 4 – 11 所示。

图 4 – 10　视觉残像

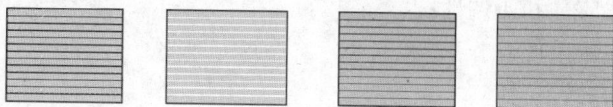

图 4 – 11　视觉渗漏

在色彩对比的状态下，由于相互作用的缘故，与单独见到的色彩是不一样的。例如在灰色背景上画黑线纹样，灰色背景就会感觉偏黑；同样的灰色，画上白色纹样，图像上的灰色感觉就偏白。这两幅图像中的色彩也是一样，相同的蓝绿色背景，加上蓝色条纹，整体色彩就倾向于蓝色；加上绿色条纹，整体色彩的感觉就倾向于绿色。具体运用时，需注意以下几点：

①亮色与暗色相邻，亮者更亮，暗者更暗；灰色与艳色并置，艳者更艳，灰者更灰；冷色与暖色并置，冷者更冷，暖者更暖。

②不同色相相邻时，都倾向于将对方推向自己的补色。

③补色相邻时，由于对比作用强烈，各自都增加了补色光，色彩的鲜明度也同时增加了。

④同时对比效果，随着纯度增加而增加，其中以相邻交界之处即边缘部分最为明显。

（6）色彩的视认性。

色彩的视认性是指在一定的背景中的色彩在多长距离范围内能够看清楚和在多长时间内能够被辨别的程度。对色彩的视认性影响最大的是色彩和背景之间的明度差。我们在设计多媒体界面特别是处理文字的时候，要注意加大文字和背景之间的明度比，但是明度比也不是越大越好。对于图片性的色彩较为丰富的背景，一般建议选用白字黑边。

087

4.6　界面设计评价

怎样评价一个多媒体软件界面设计质量的优劣，目前还没有一个统一的标准。一般来说可以从以下几个方面考虑：

①用户对界面的满意程度；

②界面的标准化程度；

③界面的适应性和协调性；

④界面的应用条件；

⑤人机界面的性价比。

目前人们习惯于用"界面友好性"这一抽象的概念来评价一个界面的好坏，但"界面友好"与"界面不友好"很难有个明确的分界线。一般认为，一个友好的界面应该具备以下特征：

①操作简单，易学易用；

②界面美观，操作舒适；

③快速反应，响应合理；

④用语通俗，语义一致。

需要指出的是，一个多媒体软件界面设计质量的优劣，最终还得由用户来判定，因为多媒体软件是供用户使用的，使用者才最有发言权。

【思考题】

1. 多媒体软件界面的主要要素有哪些？试结合某一教学网站举例说明。

2. 多媒体软件界面设计的主要原则是什么？

3. 多媒体软件交互控制界面中，除了本章中所说的菜单、图标和按钮外，还有哪些形式？

4. 在内容信息界面设计的六种素材，即文本、图形、图像、声音、动画和视频中，你认为哪一种素材是主要的？这些素材在使用时，应该注意什么？

5. 色彩在多媒体软件界面设计中具有哪些功能？

6. 多媒体软件界面的色调倾向，除了本章所介绍的几种，你还知道哪些？试举例说明。

7. 在多媒体软件界面设计中，运用色彩时应注意哪些问题？

8. 如何评价多媒体软件界面设计质量的优劣？有没有统一的标准？如果有，该标准内容是什么？

【实训题】

1. 运用本章中介绍的色彩知识，分析不同类型的网站，如教学网站、商务网站、政府网站和个人网站界面的色彩搭配方式与色调倾向。

2. 参照市面上某一款成功的多媒体教学软件，例如清华金洪恩公司的《开天辟地》等，运用本章中介绍的界面设计相关知识，利用某种设计或作图工具，自行设计出某一个学科多媒体教学软件的相关界面，具体包括软件启动封面设计、软件框架设计、按钮设计、面板设计、菜单设计、标签设计、图标设计、滚动条及状态栏设计、安装过程设计等。

THE TECHNOLOGY AND CREATION OF MULTIMEDIA

The Production
of Graphic and
Images Material

第 5 章

图形图像素材的制作

本章首先简要介绍了常用的图形图像素材的制作途径，接着简要介绍了 HyperSnap-DX 的基本使用以及如何用扫描仪获取图像，重点是通过大量实例，详细讲解了主流图形图像工具 Photoshop 的基本使用。

【本章学习要点】

媒体常说，当今的时代，是一个读图的时代，当今的社会，是一个信息爆炸、信息过剩的社会。面对纷杂的信息，人们为了更好地交流，越来越注重对图形图像的利用，如我们在生活中随处可见的图片标志。在多媒体技术领域中，可以说，对"看"的信赖和对"看"所承受的重负是当今多媒体作品最重要的时代特征之一。因此，我们不仅要学会利用图形图像表达意图，同时也要学会利用图形图像恰当地、创造性地表达需求，设计的图形图像既能充分地展示主题，又能启发人的思维，引起共鸣，更何况合理恰当地使用图形图像还能使多媒体作品更加直观生动，更便于用户理解。

要进行图形图像的编辑与处理，读者需要了解常用的图形图像素材的制作途径，特别是在此基础上，要熟练掌握 Photoshop、Corel Draw 等主流图形图像编辑与处理工具的基本使用和制作技巧。此外，还应具备一定的艺术基础，才能制作出更加精美并富有表现力的图形图像素材。当然，要制作出专业水准的图形图像素材，还需要掌握图形学和图像学方面的专业知识以及 Photoshop、Corel Draw 等工具的高级制作技巧。这方面的内容，读者如有兴趣，可自行参考相关教材。

【本章内容结构】

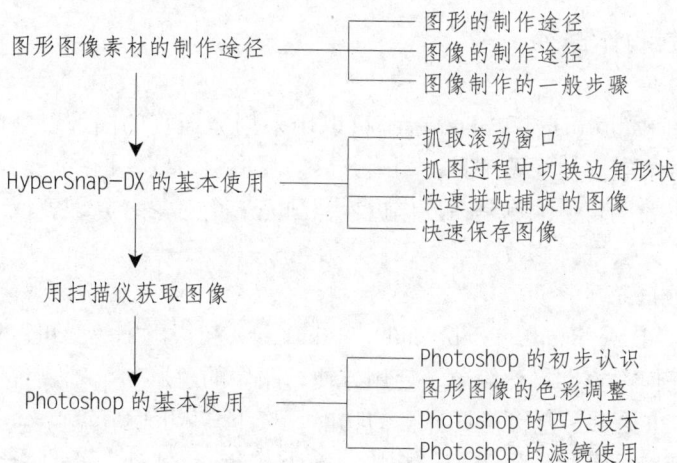

图形图像素材的制作途径 ——— 图形的制作途径
        图像的制作途径
        图像制作的一般步骤

HyperSnap-DX 的基本使用 ——— 抓取滚动窗口
        抓图过程中切换边角形状
        快速拼贴捕捉的图像
        快速保存图像

用扫描仪获取图像

Photoshop 的基本使用 ——— Photoshop 的初步认识
        图形图像的色彩调整
        Photoshop 的四大技术
        Photoshop 的滤镜使用

5.1 图形图像素材的制作途径

5.1.1 图形的制作途径

（1）利用各种程序设计语言。

任何一门程序设计语言如 Basic、C、Pascal、VB、VC++、Delphi 和 Java 等都提供了绘制图元的语句，如画直线、圆、填充、颜色控制等。

（2）利用专门的图形创作工具。

如 Auto CAD、3DS、3DS Max、Corel Draw、Illustrator、Freehand、Photoshop 等，它们的优点是"即见即所得"，非常直观，且都提供了各种各样的绘图工具与制作手段，可以制作专业级的图形对象。

（3）利用多媒体开发工具提供的绘图工具箱。

几乎每种多媒体开发工具都提供了图形工具箱，如 Flash、Dreamweaver、Authorware、Director 等。利用工具箱中的工具非常容易在多媒体软件中绘制图形对象。

（4）利用图形图像变换工具。

例如，Adobe 中的 Gif Dxf、Stream Line、Freehand、Flash 等，它们具有将静止图像转换成图形文件的功能，且效率比较高。

5.1.2 图像的制作途径

（1）使用绘图软件。

如 Windows 中的 PaintBrush、Painter 等都可以用来创作逼真的图像。一般说来，绘图软件都提供了丰富的绘图工具，如画方形、圆形、直线、曲线等。其优点是创作方便，制作效率高；缺点是在创作过程，画完一个对象，立即就成为位图的一个组成部分，无法进行修改。

（2）屏幕捕捉或屏幕硬拷贝。

利用 HyperSnap – DX、SnapIt、CapPicture、PrintKey、超级解霸等，可以捕捉当前屏幕上显示的任何内容，操作简单、使用方便，图像的色彩与清晰度都能满足需求。Windows 中也提供了直接拷贝屏幕的功能，按下"Alt + PrintScreen"键即可将当前的活动窗口显示画面置入剪贴板中，按下"PrintScreen"键即可全屏幕拷贝，并置入剪贴板。通过静态数据交换的方式即可使用剪贴板中的图像。

（3）扫描输入。

利用扫描仪和数字化仪可将一些现成的照片、图片等变成数字图像输入计算机中。这是制作图像的一条捷径。如果自己想要使用的图像素材是照片、杂志、图片以及印刷品，想把它们输入计算机就必须使用扫描仪和数字化仪，扫描仪或数字化仪可以将上述的素材通过光电转换方法输入到计算机中，从而形成一个图像文件，再对其加以制作。

（4）利用数码照相机。

数码照相机具有将依赖空间、时间的图像转化成数字图像的能力，且输入的图像清晰度高、色彩鲜艳、输入速度快，因此这是多媒体图像制作的一种重要途径。

（5）视频帧捕获。

利用 Video for Windows、SnapIt、超级解霸等软件，可以将屏幕上显示的视频图像进行单帧捕捉，使之变成静止图像储存起来。但由于视频图像本身已经压缩过，因此在色彩、清晰度方面都相对较差。

（6）图像合成。

利用图像制作软件，如 Photoshop、Corel Draw、Illustrator、Fireworks 等，将已有的图像进行编辑、制作，可以将多幅图像合成一幅实用图像。

（7）利用专业动画制作软件。

Animator Pro、Animator Studio、3DS、3DS Max、Flash 等动画制作工具本身也具有制作静态图像的功能，有些甚至可以制作三维的位图。

（8）利用专业图像制作软件。

利用 Photoshop、Auto CAD、Corel Draw、Freehand、Flash 等图像制作软件。图形图像编辑软件很丰富，Photoshop 是公认的最好的专业图像编辑软件之一。制作时，先以图元为对象对图形进行制作，但在最终输出时，所制作的图形可以转化为静止图像。尤其是 3DS 软件，可以在其创作环境中制作出立体感、质感、纹理材质感等非常强的静止图像。

5.1.3　图像制作的一般步骤

所谓图像制作，是指利用图像制作软件在连续的图像上进行多种多样的操作，最终使图像达到最佳效果。图像制作的一般步骤是：

①输入。将图像输入到计算机中。

②图像的调整、校正与增强。如调整亮度、对比度等。校正是纠正数字图像的颜色和灰度，使之与原图一样。

③选择与屏蔽。标记图像上的一块特别区域，使编辑操作只对标记出的区域进行，而不影响其他部分。

④修描。擦除一些缺陷或修改一些细节，使图形看上去更完美。

⑤绘画及艺术化制作。根据软件提供的多种工具，可改变图形上某些部分的

色彩；还可利用软件提供的各种滤镜或第三方提供的滤镜，实现不同的艺术效果，或对图像进行变形制作等。

⑥图像合成。把两幅或多幅图像的一部分像素合并、定义单一的图案或在图像中进行剪切和粘贴来修改图像的内容。

⑦输出。保存文件，也可通过打印机或绘图仪等将经过制作的图像输出到纸张上。

5.2　HyperSnap – DX 的基本使用

5.2.1　抓取滚动窗口

在抓图过程中，常常会遇到一些特殊的情况，比如要抓取的画面超过一屏，对于这种情况"PrintScreen"键是无能为力的，所以要借助于专业的抓图软件，利用 HyperSnap – DX 的抓取滚动窗口功能就可以很轻松地完成。点击"捕捉"→"捕捉设置"，打开捕捉设置窗口，在"捕捉"选项中勾选"窗口捕捉时自动滚动窗口"并设置自动滚屏的刷新时间即可，如图 5 – 1 所示。此时，将垂直滚动条放置于你希望开始自动滚屏抓取的位置，按下窗口捕捉热键"Ctrl + Alt + W"，然后在窗口中单击鼠标左键，屏幕会向下移动并自动捕捉画面。

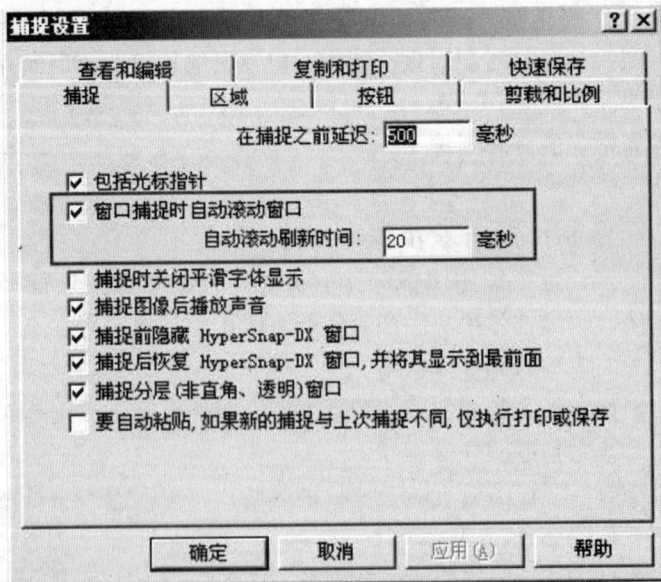

图 5 – 1　抓取滚动窗口

5.2.2　抓图过程中切换边角形状

在默认情况下，HyperSnap – DX 设定的捕获区域形状为矩形，可在"捕捉"→"捕捉设置"→"区域"→"设置区域捕捉模式"中进行调整。有时候抓图的范围不仅仅局限于矩形，所以，在抓图过程中，可以灵活运用HyperSnap – DX 提供的热键"S"来快速切换抓取区域边角形状。首先按下选定区域捕捉热键"Ctrl + Alt + R"，用鼠标左键选择捕捉区域的起始点，移动鼠标选择捕捉区域，此时，可以按"S"键来切换捕捉区域的边角形状，如矩形、圆形、椭圆形等。

5.2.3　快速拼贴捕捉的图像

在默认情况下，HyperSnap – DX 为每个捕获的图像都创建一个新的窗口，但是有的时候需要将抓取的几个画面拼合成一幅图像，这样如果要合并图像时，就必须切换窗口并利用复制、粘贴键进行反复操作。其实在拼合这类图像时，可以设置"将每个新捕捉的图像都粘贴到当前图像上"，点击"捕捉"→"捕捉设置"，在"查看和编辑"选项卡中进行设置即可，必要时，还可以扩展绘图空间。如图 5 – 2 所示。

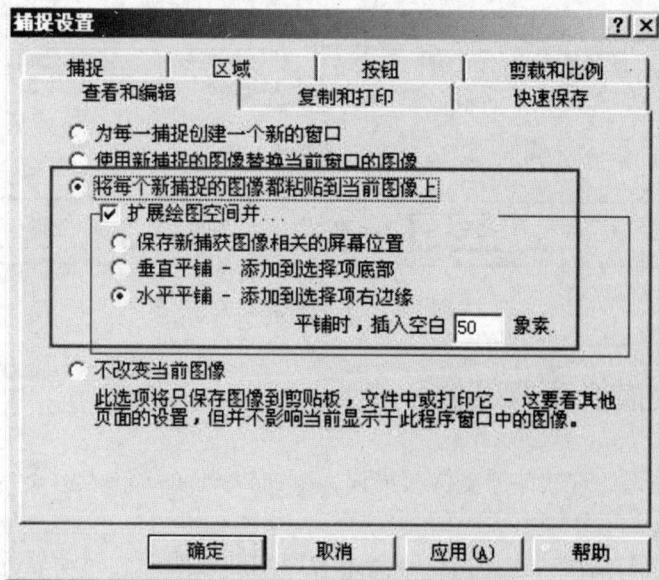

图 5 – 2　快速拼贴捕捉的图像

095

5.2.4 快速保存图像

捕捉到的图像可通过设定 HyperSnap – DX 的"捕捉设置"选项进行快速保存,依次点击"捕捉"→"捕捉设置"→"快速保存",勾选"自动将每次捕捉的图像保存到文件中",通常情况下保存在 C: \ Program Files \ HyperSnap – DX 目录下。在快速保存图像的同时,还可以自定义文件名,点击"更改"按钮,设置文件名,并勾选"文件名依序递增"复选框,如图 5 – 3 所示。这样,以后截取的图像就会以用户自定义的文件名自动保存。

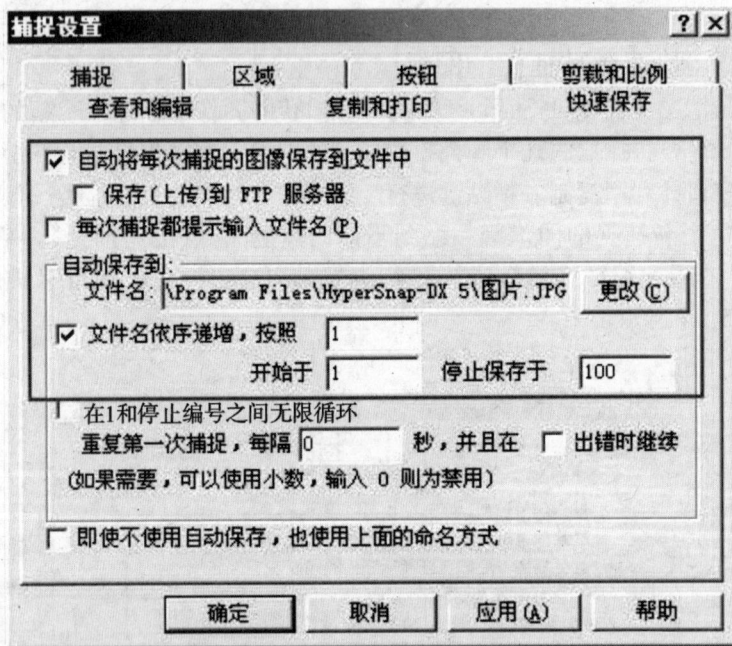

图 5 – 3   快速保存图像

5.3   用扫描仪获取图像

大多数图像处理软件都支持扫描仪,下面以 Photoshop 为例介绍扫描仪的使用方法。

(1)安装扫描仪。在扫描仪产品中有详细的说明书和驱动软件,只要按照其中的提示操作即可完成安装。这里假定安装的是 MiraScan V6. 3 扫描仪。

（2）启动 Photoshop 软件。

（3）选择"文件"→"导入"→"MiraScan V6.3"，如图 5-4 所示。

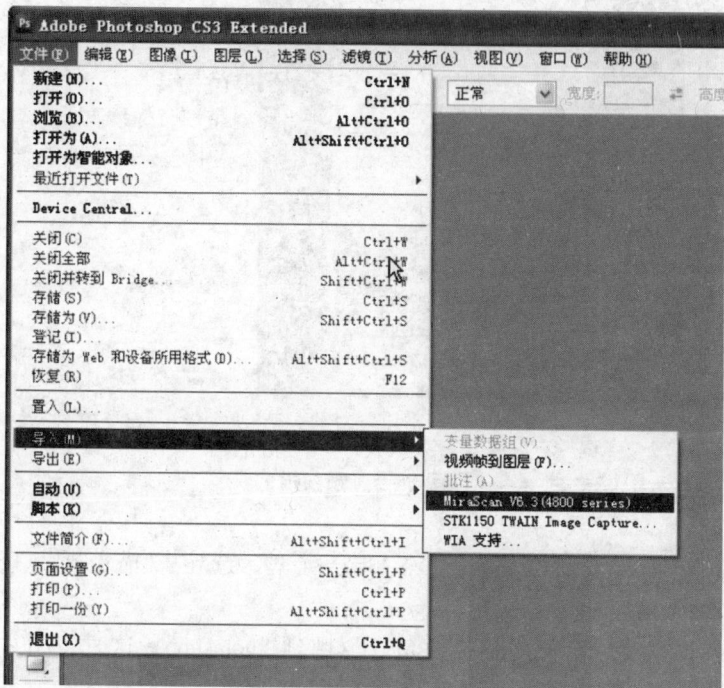

图 5-4　选择扫描仪

（4）出现扫描设置界面，将要扫描的图像正面朝下放入扫描仪中，合上盖子，然后单击"预览"（PreScan）进行预扫描，目的是为了能够选取合适的扫描范围。如图 5-5 所示。

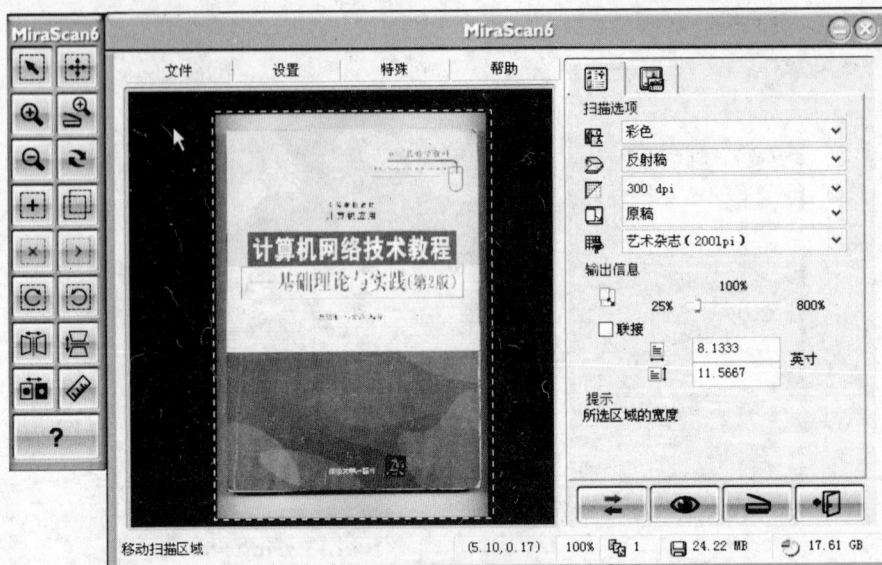

图 5 - 5   预扫描

（5）预览后，设置合适的色彩和分辨率，选定扫描范围，按"扫描"
（Scan）开始扫描。

（6）扫描完成后，关闭扫描窗口，返回到 Photoshop，这时，图片传送到了
Photoshop 中，可以对它进行修改或保存备用。

5.4   Photoshop 的基本使用

5.4.1   Photoshop 的初步认识

1. 工作界面

下面以 Photoshop CS3 版本为例来进行介绍。Photoshop CS3 的操作窗口主要
由标题栏、菜单栏、工具选项栏、工具箱、浮动调板、工作区等部分组成，各部
分在 Photoshop CS3 界面的具体位置如图 5 - 6 所示。

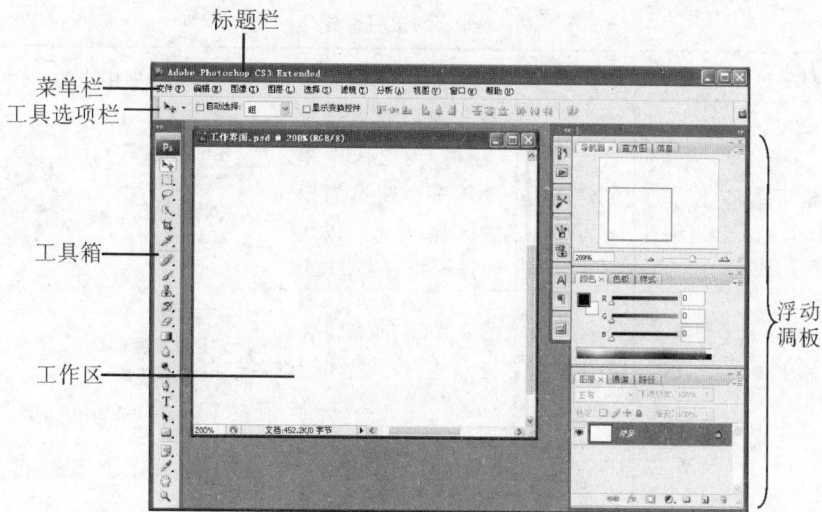

图 5 - 6　Photoshop CS3 的工作界面

（1）标题栏。标题栏位于工作界面的最上面，显示该软件的软件名，当被操作文件最大化的时候还会在软件名的后面显示被操作文件的文件名、颜色模式等。

（2）菜单栏。Photoshop 有丰富的菜单命令，利用菜单命令可以完成各种各样的操作。

（3）工具选项栏。工具选项栏显示各种工具参数，同时可以调整、修改各个参数。

（4）工具箱。工具箱里面有各种各样的工具可供使用者进行各种操作。

（5）浮动调板。浮动调板可以进行调整图层、通道、导航器等操作。

（6）工作区。工作区显示当前所打开的文件，可在此处对文件进行编辑和处理。

2. 工具介绍

Photoshop 经历了多个版本，但其工具箱的内容基本不变。现简单介绍一些常用的工具，如下表所示。

Photoshop 的工具介绍表

工具名称	图标	功能	使用方法	使用图解
选框工具		创建选区	点击矩形/椭圆选框工具，在图像中拖动鼠标，选出想要的区域（选区以虚线浮动的形式呈现）	矩形选框工具 椭圆选框工具 单行选框工具 单列选框工具
套索工具		创建选区	沿着图形的边缘慢慢点击，形成闭合选区	套索工具 多边形套索工具 磁性套索工具 （第3种会自动查找边缘）
魔棒工具		创建选区	点击工具，如右所述设置属性，再点选所要的颜色或区域	容差: 32　☑消除锯齿 ☑连续 □对所有图层取样　容差输入 0~255，值越高，可选择的色彩范围就越宽；消除锯齿使边缘平滑；选择"连续的"是要使用相同的颜色只选择相邻的区域
画笔工具		绘制图形	1. 单击工具，出现右边工具选项栏 2. 设置所需的画笔大小、模式、不透明度和流量 3. 在工作区绘制线条即可	设置选项时，可单击右侧的小黑三角按钮，改变数值，或者直接输入数值 点击第一选项"画笔"，可设置画笔压力和笔刷等
铅笔工具		绘制图形	与画笔工具类似，用前景色绘制	铅笔没有羽化，因此选项工具栏中缺少"流量"选项
仿制图章工具 图案图章工具		通过覆盖区域来修复图片	1. 按"Alt"键吸取颜色/图案 2. 到想要覆盖的区域将颜色/图案覆盖上去	颜色/图案

（续上表）

工具名称	图标	功能	使用方法	使用图解
历史记录画笔		恢复历史记录操作	1. 绘制多次后，打开历史记录面板 2. 在你想要恢复的历史记录的左方的方框内点击	
橡皮工具		擦除无用的区域	与画笔工具类似	橡皮工具可实边擦除，也可羽化擦除
渐变工具		填入多种过渡色的混合色	1. 点击工具 2. 选择渐变工具 3. 双击编辑渐变	双击编辑渐变　　5 种渐变工具
油漆桶工具		为选区填色	1. 点击前景色/后景色，弹出"拾色器"对话框 2. 选择颜色，确定 3. 在选区中填充	单击可转换前景色和后景色 前景色 后景色
模糊工具		使看起来平滑柔和	1. 设置画笔大小、强度等属性 2. 在所要模糊或锐化或涂抹的图像上，进行来回拖动	
锐化工具		使看起来不很柔和		
涂抹工具		拖动颜色产生位移		
加深工具		加深颜色，使变暗减	与上一工具类似	海绵工具有两个选项： 模式：去色 去色 加色 去色：使原有的颜色逐渐产生灰度化 加色：增加颜色，使图像看起来更鲜艳
减淡工具		淡颜色，		
海绵工具		使变浅加色/去色		

（续上表）

工具名称	图标	功能	使用方法	使用图解
钢笔工具	◇	勾画路径	◇ 钢笔工具 ◇ 自由钢笔工具 ◇ 添加锚点工具 ◇ 删除锚点工具 ʌ 转换点工具	 选择各种形状路径  新的/添加/减去/交叉/重叠
形状工具		绘制各种形状	☐ 矩形工具 ☐ 圆角矩形工具 ○ 椭圆工具 ○ 多边形工具 ＼ 直线工具 ✿ 自定形状工具	属性选项栏与钢笔工具相似
路径选择工具 直接选择工具	  ▶ ▶	选择路径 选择锚点	1. 选择路径（只能是矢量的）/锚点 2. 进行复制、移动、变形等操作	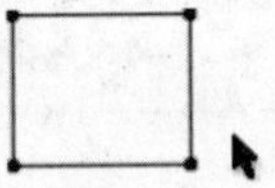 左边表示矩形被选中了
文字工具	T	制作文字	1. 先选择一种文字工具（如右图） 2. 在工作区中点击便可输入文字	T 横排文字工具 T 直排文字工具 T 横排文字蒙版工具 T 直排文字蒙版工具 以输入的文字为选区
吸管工具	✐	吸取想要的颜色	对着某色点击，即吸取此色作为前景色	
抓手工具	✋	查看图像的任一部分或全部	点击工具，移动图像（小技巧如右所述）	双击：将全部图像全部显示在画面中 空格：临时快速地切换为抓手工具 Ctrl + 0：将视图转为满画面显示
放大镜工具	🔍	放大/缩小显示倍数	 🔍🔍 选择其一	双击放大镜：按100%比例显示 Ctrl + 空格：临时快速切换为放大镜 Ctrl + " + "：放大 Ctrl + " – "：缩小

102

3. 文件的建立与保存

（1）文件的建立。

打开 Photoshop 软件，进入工作界面，执行"文件"→"新建"命令（或按快捷键"Ctrl + N"），弹出"新建"对话框，如图 5 - 7 所示，根据工作需要，分别设置文件大小和分辨率等参数，点击"确定"则建立成功。

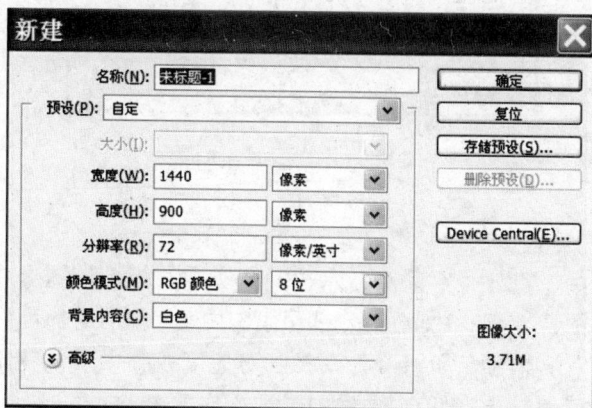

图 5 - 7　"新建"对话框

（2）文件的保存。

文件操作完成时，需要对文件进行保存，执行"文件"→"保存"/"另存为"命令（或按快捷键"Ctrl + Shift + S"），在弹出的对话框中设置文件保存的路径以及文件格式即可。

5.4.2　图形图像的色彩调整

选择"图像"→"调整"菜单，可看到 23 种色彩和色调的调整方法。根据以往使用 Photoshop 的实践经验，笔者认为较常用的色彩调整方法有以下 7 种：色阶、曲线、亮度/对比度、色相/饱和度、去色、反相及阈值。

1. 色阶调整

色阶表示亮度的强弱，用于调整较亮和较暗的部分，其面板如图 5 - 8 所示。

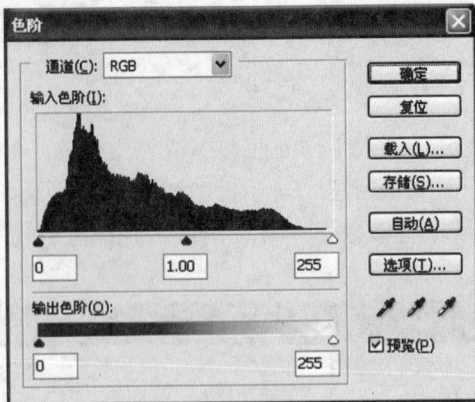

图5-8　"色阶"面板

使用方法：

在输入色阶中，有三个小箭头，左边的箭头向右拖动使图像变暗；右边的箭头向左拖动，使图像变亮；中间的箭头是调整中间色调的对比度，但不会对暗部和亮部有太大影响。输出色阶可降低图像的对比度，其中黑色三角用来降低暗部的对比度，白色三角用来降低亮部的对比度。

【实例1】 如图5-9所示。

a：变暗了　　　　　　　　b：原图　　　　　　　　c：变亮了

图5-9　色阶的实例应用

2. 曲线调整

曲线可以综合调整图像的亮度、对比度、色彩等。横坐标代表原图像的色调，纵坐标代表图像调整后的色调，对角线用来显示当前的输入和输出数值之间的关系。其面板如图 5－10 所示：

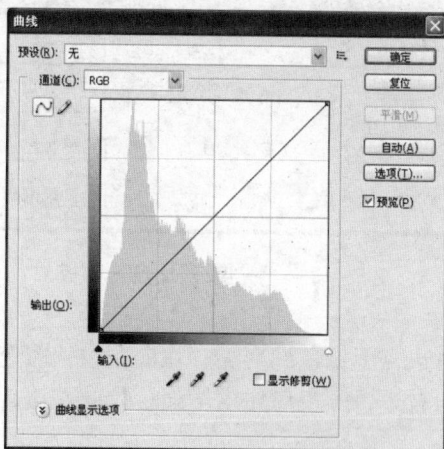

图 5－10 "曲线"面板

使用方法：

当曲线拉向左上角时，图像色调变亮；

当曲线拉向右下角时，图像色调变暗。

在曲线上单击可增加一个点，拖拉曲线即成"S"型，这种曲线可增加图像的对比度。

【实例2】如图 5－11 所示。

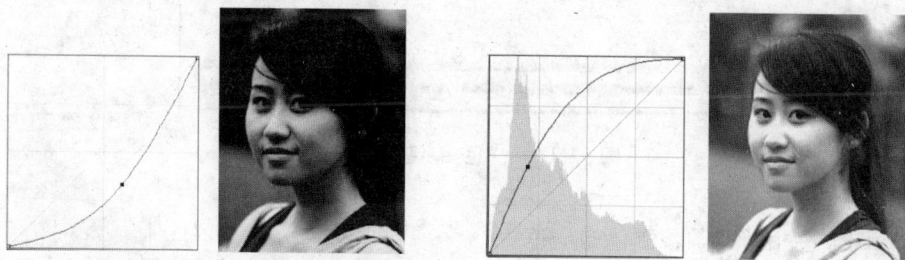

a（曲线往下拉，图像变暗）　　　b（曲线往上拉，图像变亮）

图 5－11 曲线的实例应用

105

3. 亮度/对比度

亮度和对比度的调整较为简单，其面板如图 5 - 12 所示。

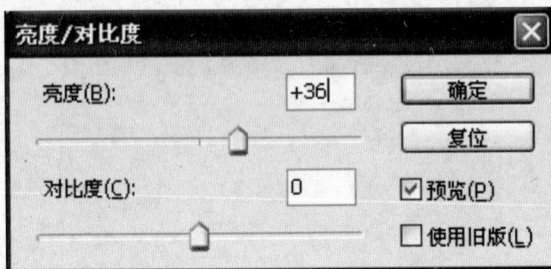

图 5 - 12 "亮度/对比度" 面板

亮度调整：拉向右边，图像色调变亮；拉向左边，图像色调变暗。

对比度调整：拉向右边，颜色对比度增强；拉向左边，颜色对比度减弱。

4. 色相/饱和度

"色相/饱和度" 面板，如图 5 - 13 所示：

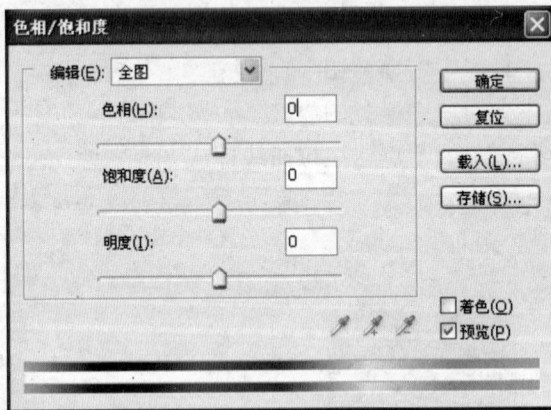

图 5 - 13 "色相/饱和度" 面板

调整色相：即调整颜色的变色；

调整饱和度：即调整颜色的鲜艳度，值越大，越鲜艳，反之则越灰暗；

调整明度：即调整图像的亮度，值越大，图像就越亮，当值为最大时（拉到最右边），图像则变为全白，当值为最小时，图像则变为全黑。

其中，"着色"选项是将原有颜色全部去掉，再重新上色。

5. 去色

去色是指将所有颜色转化为灰阶值，使图像的饱和度为 0。应用此原理，我们可以导入一张彩色照片，执行"图像"→"去色"命令后，则变成了黑白照片。

6. 反相

执行反相命令后，白色就会变成黑色，其他彩色也相应变成其他值（255 − 原像素值 = 新像素值），因此，反相命令常用于产生底片效果，如图 5 – 14 所示。

a（原图）   b（效果图）

图 5 – 14　反相的实例应用

7. 阈值

阈值就是临界值，是基于图片亮度的一个黑白分界值，默认值是 50% 中性灰，即 128，亮度高于 128 （ < 50% 的灰）的区域会变白，低于 128 （ > 50% 的灰）的区域会变黑。

【实例 3】如图 5 – 15 所示。

a（原图）   b（效果图）

图 5 - 15   阈值命令可将彩色或灰色的图像变成高对比度的黑白图

在编辑和处理图像时，要得到同一种效果，如将图像变亮，可使用色阶调整，也可使用曲线调整，操作方便。通常要编辑好一个作品，都不是一步到位的，若能综合地使用这些色彩调整方法，将会得到意想不到的效果。

5.4.3   Photoshop 的四大技术

在 Photoshop 众多专业的图像编辑功能中，最核心的功能便是图层、选区、蒙版和通道，只有掌握了这四大核心技术，才是真正掌握了 Photoshop 图像编辑和处理的真谛。

1. 图层

（1）图层概述。

为了方便理解图层的概念，我们通常将图层比喻成一个透明的"玻璃"，如果"玻璃"什么都没有，这就是个完全透明的空图层。当我们在这些"玻璃"上画上东西，图层就有了图像，这时自上而下俯视所有图层，就像俯视多块透明玻璃，从而形成了图像显示效果。

图层是 Photoshop 的重要概念，许多效果可以通过对图层的直接操作而得到。图层的基本类型包括背景图层、普通图层和文字图层。如图 5 - 16 所示。

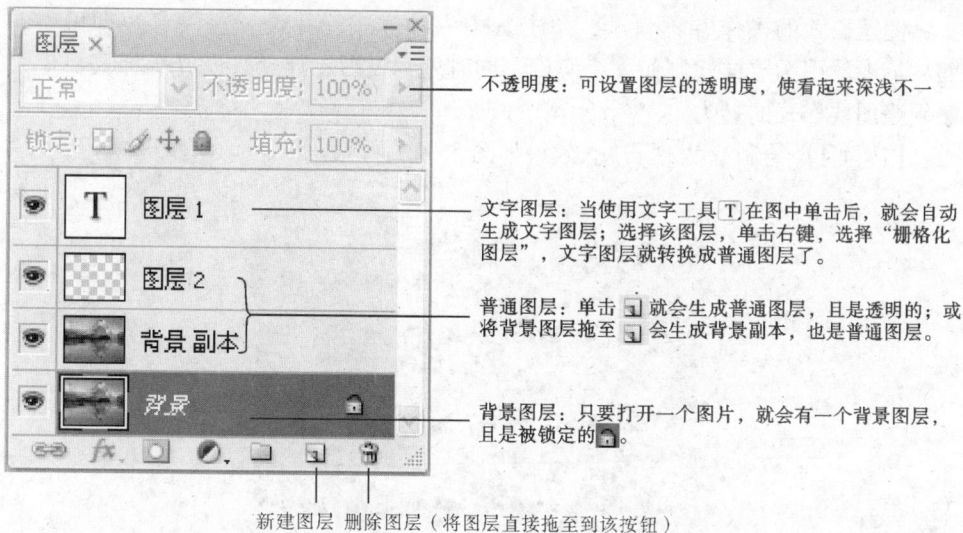

不透明度：可设置图层的透明度，使看起来深浅不一

文字图层：当使用文字工具 T 在图中单击后，就会自动生成文字图层；选择该图层，单击右键，选择"栅格化图层"，文字图层就转换成普通图层了。

普通图层：单击 □ 就会生成普通图层，且是透明的；或将背景图层拖至 □ 会生成背景副本，也是普通图层。

背景图层：只要打开一个图片，就会有一个背景图层，且是被锁定的 □。

新建图层 删除图层（将图层直接拖至到该按钮）

图 5 - 16　"图层"面板

（2）图层样式。

图层样式效果非常丰富，在这里设置几个参数就可以轻松完成，是制作图片效果的重要手段之一。先选择要操作的图层，点击右键，选择"混合选项"，弹出"图层样式"对话框，如图5 - 17 所示，可看到左边有多种样式。使用图层样式，我们可以轻松做出投影、发光、浮雕、光泽、叠加和描边等效果。

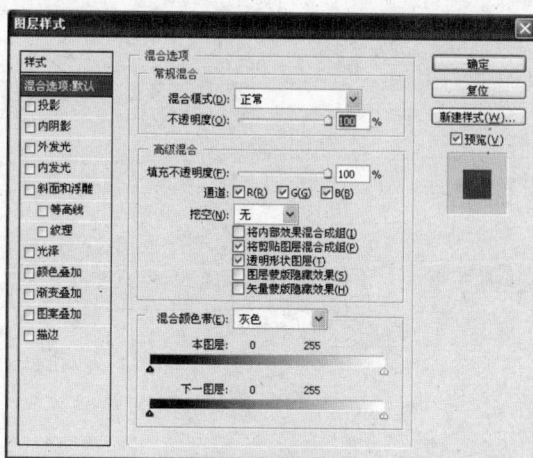

图 5 - 17　图层样式

109

　　图层样式的操作并不复杂，单击其中一种样式，并设置相关参数即可。下面，笔者就用图层样式制作一个实例，同时用到投影、浮雕、发光等样式，带大家领略图层样式的魅力。

　　【实例4】绘制《大理石》。效果如图 5 - 18 所示。

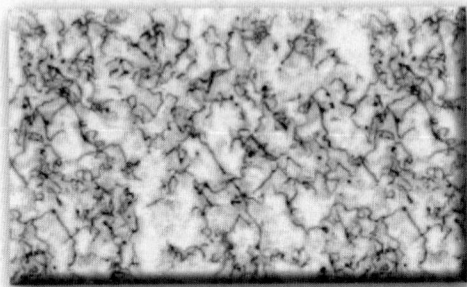

图 5 - 18　　《大理石》效果图

　　①新建文档：执行"文件"→"新建"，设置像素为 500 × 300。

　　②图层中只有一个白色的背景图层，此时单击图层面板右下角的 ⬚，新建一个图层（一般都不在背景图层上操作）。

　　③选中新建的图层，单击 ⬚矩形工具，在空白文档中拖动鼠标画一个矩形，如图 5 - 19 中 a 所示，并单击油漆工具 ⬚把矩形区域填充为任一颜色，如图 5 - 19 中 b 所示。

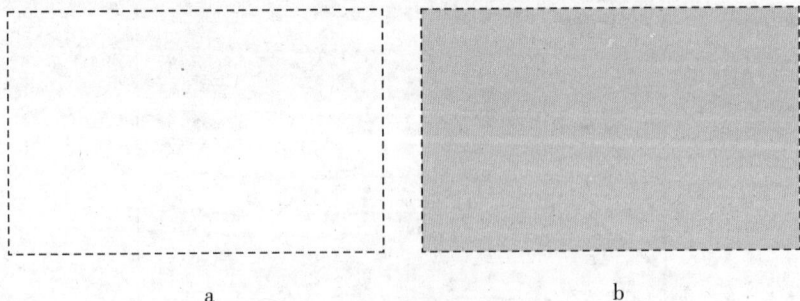

a　　　　　　　　　　　　　　　b

图 5 - 19

　　④开始为矩形添加图层样式。对着图层按右键，选择"混合选项"，弹出对话框。

⑤添加投影，点击 ☑投影 ，调整其投影的角度、距离、扩展和大小，如图5-20所示，设置完投影后，先不要点"确定"。

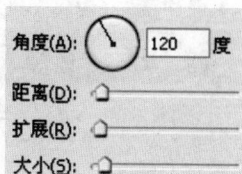

角度(A)：　120 度
距离(D)：
扩展(R)：
大小(S)：

5-20　投影属性设置

⑥继续点击 ☑斜面和浮雕 ，参数基本默认，或可将"大小"调大一些，使浮雕效果更突显。

⑦再继续点击 ☑图案叠加 ，点击图案的下三角▐▾▏，选择"起泡油漆"花纹▢。

⑧再继续点击 ☑颜色叠加 ，单击颜色，选择淡蓝色，并调整其不透明度为浅一些，使颜色叠加上去又可以看到原本的图案。

⑨点击"确定"即可，该实例用到了投影、斜面和浮雕、图案叠加、颜色叠加，其变化过程如图5-21所示。

矩形区域　　　添加投影　　　斜面和浮雕　　　图案叠加　　　颜色叠加

图5-21　效果变化过程图

到此，逼真的"大理石"已经制作完成，大家可以发挥自己的想象，利用图层样式制作出更多的效果。通常，混合使用多种样式，制作的效果更丰富。

（3）图层混合。

图层混合是将当前图层和下一图层进行颜色的混合，使用户能透过上一层看到下一层。图层混合的应用非常广泛，但必须是在两个或多个图层之间运用才能看到混合效果。图层混合能得到许多奇特的画面效果。

图层的混合模式，如图5-22所示，单击 ▼ 会出现十几种混合模式。注意：背景图层不能应用混合模式。

111

图 5 - 22　图层的混合模式

（4）正片叠加。

将基色（下面图层）与混合色（上面图层）混合，结果将是较暗的颜色（暗＋暗）。

【实例 5】绘制《雅典女神》。效果如图 5 - 23 所示。

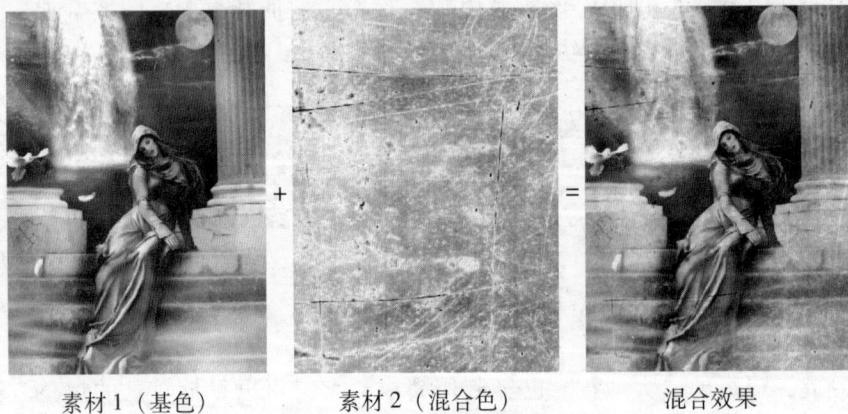

素材 1（基色）　　　　素材 2（混合色）　　　　混合效果

图 5 - 23　《雅典女神》效果图

①用软件打开"素材 1"，图层面板如图 5 - 24 所示；执行"文件"→"置入"素材 2，如图 5 - 25 所示。

②选中"图层 1"，点击 正常 ，在下拉菜单中选择 正片叠底 ，如图 5 - 26 所示。

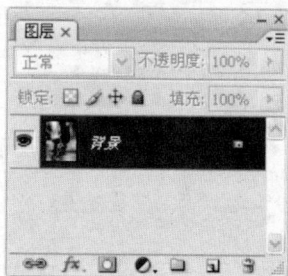

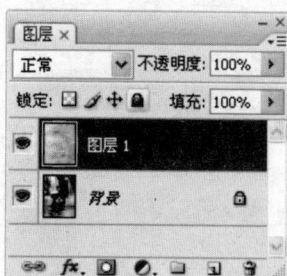

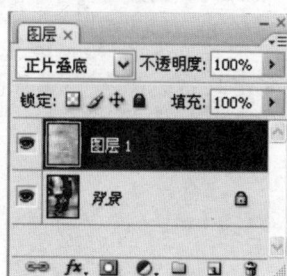

图 5 – 24   图 5 – 25   图 5 – 26

（5）滤色。

滤色与正片叠加相反，滤的结果色将是较亮的颜色（白＋白）。用黑色过滤时颜色保持不变，用白色过滤将产生白色。白色看得见，黑色看不见。

【实例 6】绘制《天马行空》。效果如图 5 – 27 所示。

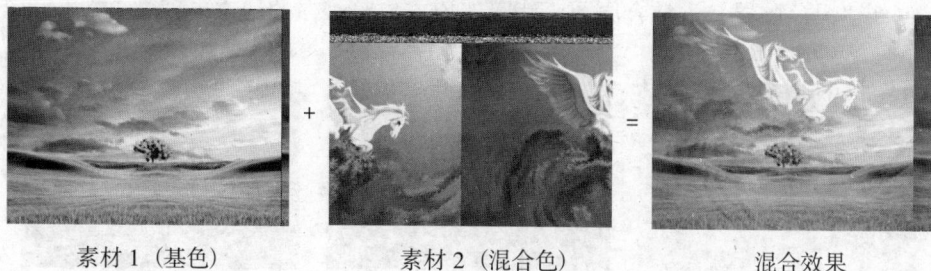

素材 1（基色）   素材 2（混合色）   混合效果

图 5 – 27   《天马行空》效果图

①用软件打开"素材 1"，图层面板如图 5 – 28 所示。执行"文件"→"置入"素材 2，如图 5 – 29 所示；

②选中"图层 1"，点击 正常 ，在下拉菜单中选择 滤色 ，如图 5 – 30 所示。

113

图 5-28

图 5-29

图 5-30

（6）柔光。

由上面两个实例可看出，图层混合的操作步骤一般是，"打开一张素材作为基色图层"→"置入另一素材作为混合色图层"→"将上面的图层的混合模式改变"，即可进行颜色的混合。若同时使用多种混合模式，进行多个图层的混合，可产生更为丰富的效果。

【实例7】绘制《天亮时》。效果如图 5-31 所示。

新建黑色图层，去混合原图，使暗的地方更暗，白的地方更亮。

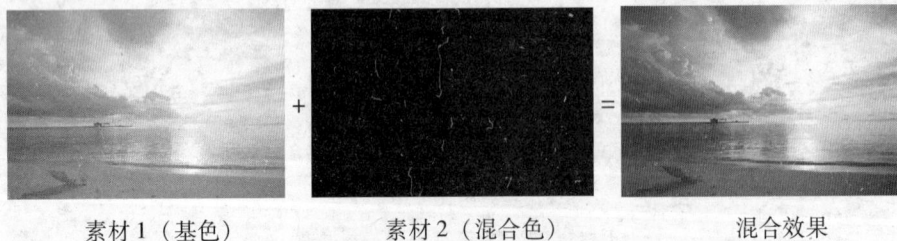

素材1（基色）　　　　素材2（混合色）　　　　混合效果

图 5-31　《天亮时》效果图

①用软件打开"素材 1"，图层面板如图 5-32 所示；此时不置入素材，而是点击▢新建图层，如图 5-33 所示，并用▢填充为黑色，如图 5-34 所示。

②选中"图层 1"，点击 正常 ▾ ，在下拉菜单中选择 柔光 ▾ ，如图 5-35 所示。

114

图 5 - 32

图 5 - 33

图 5 - 34

图 5 - 35

（7）叠加。

叠加是把图像的"基色"颜色与"混合色"颜色相混合而产生的一种中间色。

【实例8】绘制《溶图》。效果如图 5 - 36 所示。

素材1（基色图层）　　　素材2（混合色图层）　　　混合效果

图 5 - 36　《溶图》效果图

115

由于图层混合的操作步骤基本相似，读者可参考前几个实例，此处，作一省略。

①用软件打开素材1，执行"文件"→"置入"素材2，如图5-37所示。

②选中素材2，单击橡皮擦工具 ，并在工具选项中，选择画笔为 （羽化效果且直径较大），擦除素材2人物的周边，结果如图5-38所示。

图5-37   图5-38

③选中素材2，点击 ，在下拉菜单中选择 ，效果如图5-39所示。

④如果叠加后人物不清晰，可再次将素材2拖至 复制一层，调成 模式，二次叠加后效果如图5-40所示。

图5-39   图5-40

（8）颜色。

颜色模式可以为素材添加颜色，达到换色的效果。

【实例 9】绘制《海报》。效果如图 5 – 41 所示。

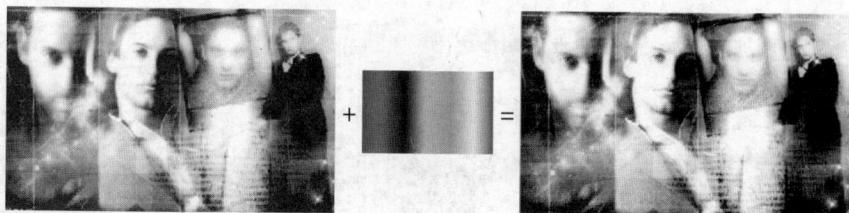

素材 1（基色图层）　　素材 2（混合色图层）　　　混合效果

图 5 –41　《海报》效果图

①打开素材 1，此时不置入素材，而是单击 🞉 新建图层，如图 5 – 42 所示，
并用渐变工具 ⬛ 填充为 ⬛⬛⬛⬛，如图 5 –43 所示。

图 5 –42

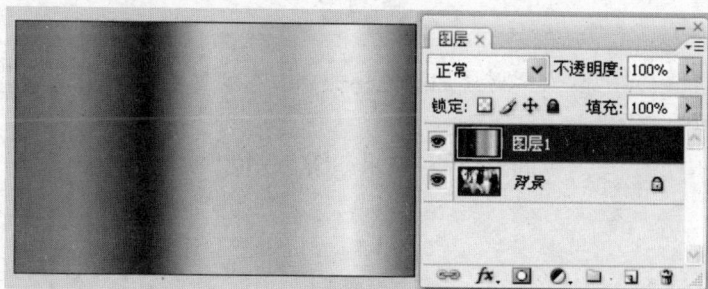

图 5 –43

117

②选中图层 1，点击 正常 ▼ ，在下拉菜单中选择 颜色 ▼ ，效果如图 5 –44 所示；如果觉得颜色太深，可单击此处 不透明度：30% ▶ ，将"不透明度"改为 30%，使颜色减淡，如图 5 –45 所示。

图 5 –44

图 5 –45

既然颜色模式可以为素材添加颜色，那么大家要懂得举一反三，我们可以用颜色模式为黑白照片上色。

【实例 10】绘制《瞬间彩妆》。效果如图 5 –46 所示。

图 5－46　《瞬间彩妆》效果图

①打开黑白素材，单击 ⬚ 新建图层。

②先为皮肤添加颜色。单击画笔工具 🖌️（用实心的画笔 ●），选择颜色为 ⬜（R：168　G：129　B：112），在新建的图层上涂抹，将皮肤部分（脸、手、颈）都涂上颜色，如图 5－47 所示。

图 5－47

③将混合模式改为 颜色 ⬇，颜色马上叠加，如图 5－48 所示。

119

图 5 – 48

④同理，新建另一图层，用画笔工具为头发涂色，参考色是（R：136　G：96 B：60），如图 5 – 49 所示；将混合模式改为 颜色 ，如图 5 – 50 所示。

图 5 – 49

图 5 – 50

　　至此，对于图层的混合，已经演示了五个实例，相信大家对图层的混合也有一定的掌握。简而言之，就是将颜色利用不同的混合方式进行混合，产生不同的叠加效果。图层是 Photoshop 的四大技术之一，在没有学习图层混合时，一看到效果图，大家可能觉得很难，但实际操作起来，只需几步就可以完成，可见操作并不复杂。

120

图层的混合模式有很多种，在此就不一一举例了。Photoshop 的技术很强大，笔者是希望通过几个实例的解说，使大家知道图层的混合模式怎么使用，它能做些什么效果，大家可以沿着这样的思路去自学，去开拓自己的技术，将图层的混合模式运用得更得心应手。

2. 选区

在对素材进行编辑和修改时，首先要选定一个区域，创建选区的工具有：矩形工具 □、椭圆工具 ○、魔棒工具 ✎、蒙版等。

下面通过制作实例来学习选区，本例中，将用到矩形工具和魔棒工具。

【实例 11】绘制《水中仙子》。

①打开素材，用矩形工具 □ 在图像中拉出矩形选区，如图 5 - 51 所示；并按 "Del" 键删除，如图 5 - 52 所示，按 "Ctrl + D" 键取消选区。

②单击魔棒工具 ✎，在空白处单击，显示如图 5 - 53 所示，按 "Crtl + Shift + I" 键反选，即选中了仙子。

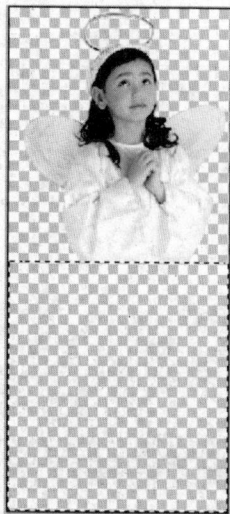

图 5 - 51   图 5 - 52   图 5 - 53

③将图层拖至 🔲 复制出图层副本，选中副本，按 "Ctrl + T" 键添加变形，如图 5 - 54 所示；单击仙子头上的 🔲 往下拉动，生成效果如图 5 - 55 所示，按 "回车" 键去掉变形工具，并按 "Ctrl + D" 键取消选区；将图层副本的不透明度改为 50%，如图 5 - 56 所示。

④单击新建图层，并拖到最下层，单击 添加蓝色，如图 5 - 57 所示。

图 5 - 54　　　　　　图 5 - 55　　　　　　图 5 - 56　　　　　　图 5 - 57

3. 蒙版

在进行图形图像处理时，常常要保护一些区域，蒙版就是这样一种工具。顾名思义，蒙版即遮盖，是在现有图层的基础上添加一个遮盖层。它通过灰度来控制图层的隐藏与显示。下面来看一个例子，如图 5 - 58 所示，效果图是由素材 A + B + C 组合而成，由于使用了蒙版技术，其合成的边缘非常自然，没有生硬的感觉。

实例 12：《祖国万象》。

　　素材 A　　　　　　　　素材 B　　　　　　素材 C　　效果图《祖国万象》

图 5 - 58　蒙版的合成应用实例

蒙版除了以上说的能淡化边缘，使合成自然外，还经常用于抠图及做一些融合的效果。在使用蒙版技术前，必须了解一些蒙版的基础知识。

（1）蒙版的创建和删除。

蒙版可通过"图层"面板或"图层"菜单来创建，具体操作是：

①打开图像，"图层"面板只有一个图层，首先按着背景图层，将其拖至下方的创建新图层按钮 🔲，复制出"背景副本"图层（锁住的背景图层是不能添加蒙版的），如图 5-59 所示。

打开图像

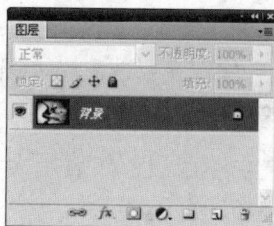
"图层"面板

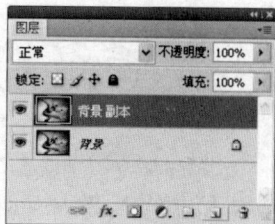
复制图层

图 5-59　蒙版的创建

②选择"背景副本"，单击下方的"添加图层蒙版"按钮 🔲，或者执行"图层"→"图层蒙版"→"显示全部"命令，也可创建图层蒙版。如图 5-60 所示。

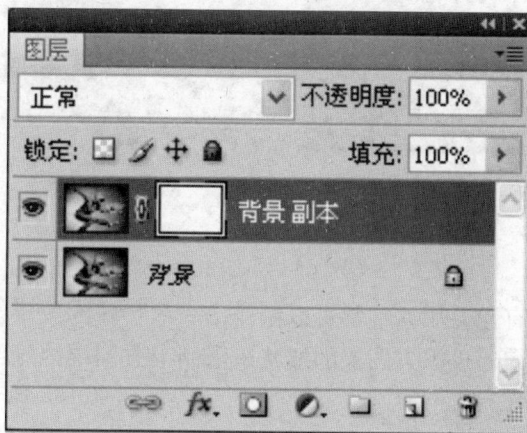

图 5-60　添加图层蒙版

蒙板与图层好像很相似，它们有什么不同呢？由图 5-60 可见，蒙板与图层同时存在，它不是单独的一层。在图层上修改会破坏图像的内容，而在蒙板上进行修改，不会破坏图层上的图像内容，因此，蒙板可以反复修改，这也是蒙板的好处。

123

若要删除蒙版，可将蒙版直接拖至图层右下方的垃圾桶 ![icon]，或执行"图层"→"图层蒙版"→"删除"命令。

（2）蒙版的类型与操作。

蒙版分为快速蒙版、剪贴蒙版、图层蒙版、矢量蒙版。

快速蒙版：

一般只用于快速建立选区。如现在要选出刚才图像中的人物。

①单击工具栏最下方的 ![icon] 以快速蒙版模式编辑。

②结合画笔工具 ![icon]，先选中蒙版层，然后用大小适合的画笔在图像上涂抹（默认是红色），涂抹后如图 5-61 所示。

③再单击工具栏最下方的 ![icon]，这时是"以标准模式编辑"，如图 5-62 所示，一个人物选区就被快速建立了。

图 5-61

图 5-62

剪贴蒙版：

剪贴蒙版非常有趣，用它常常可以制作出一些特殊的效果。剪贴蒙版至少要有两个图层以上，它通过下方图层的形状来限制上方图层的显示形状，即"下形状上图像"。具体操作是：

①打开图像，并复制背景图。如图 5-63 所示。

图 5 – 63

②点击文字工具 **T**，输入"AVATAR"字样，并调整字体大小。如图 5 –
64 所示。

图 5 – 64

③用鼠标将"背景副本"图层往上拖动，置于最上方。刚才提到"下形状
上图像"，如图 5 – 65 所示，上层是阿凡达图像，下层是文字形状的图案。

图 5 – 65

④按着"Alt"键不放，并同时点击两个图层间的缝隙，图层发生了变化，
大家可以理解为从属关系，下方图层的形状限制了上方图层的显示形状。下方图
层的形状可以换成心形或更为复杂的形状，设计出更为丰富的作品。如图 5 – 66
所示。

125

图 5 - 66

图层蒙版：

图层蒙版是我们作图最常用的工具之一，在开始讲述蒙版技术时，我们看到了一幅合成很自然的《祖国万象》效果图，它用的就是图层蒙版。蒙版只有黑、白、灰三种色，结合画笔工具，把前景色调为全黑时，在画笔涂抹的部分，能完全显示底层的图像；把前景色调成全白时，画笔涂抹的部分可以把底层显示的图像还原成当前图层的图像。下面我们就来学习用蒙版合成《祖国万象》。

【实例13】绘制《祖国万象》。

①执行"文件"→"新建"命令，新建一个 600×800 的文档。

②分别打开三张素材，将素材复制到新文档中，这时图层面板中会自动有三个图层，并进行适当排列（天安门在上，城市在中，长城在下），如图 5 - 67 所示。

图 5 - 67

③为了消除生硬的边缘，使合成效果柔和自然，我们要为每个图层建立一个

图层蒙版，选中要添加蒙版的图层，单击下方的 ⬜ 即可。如图 5 - 68 所示。

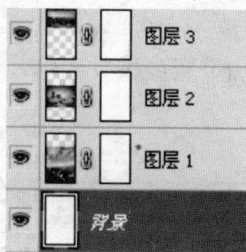

图 5 - 68

④选择画笔工具 ✎，设置画笔为 画笔: · ⁷⁹ 羽化效果，画笔直径稍大，选择颜色为黑色，点击要操作的图层的蒙版（注意一定要选中蒙版），开始涂抹边缘。如图 5 - 69 所示。

图 5 - 69

注意：用画笔涂抹时，边缘出现了羽化状态，注意右边的天安门图层的蒙版，出现了一段黑色，这段黑色就是我们刚才涂抹的地方。黑色就是擦除，选用黑色，就会显示下一层的图像，当涂抹错误时，可将前景色设为白色，重新涂抹，那么原图像就会显示出来了。

⑤同理，用画笔工具，选用黑色，点击"城市图层"的蒙版，涂抹边缘，慢慢细化。

用图层蒙版合成效果图的例子非常多，永远学习不完。只有根据同一原理，学会举一反三，才能用蒙版工具编辑出更多有创意的素材。

127

矢量蒙版：

矢量和路径有关，矢量蒙版只能在蒙版上进行路径操作。矢量蒙版比较复杂，单击一次 创建的是图层蒙版，再单击一次 创建的就是矢量蒙版，它其实是在已建好的蒙版上再一次加上蒙版进行编辑，如图 5 - 70 所示。矢量蒙版较少使用，在此不再举例。

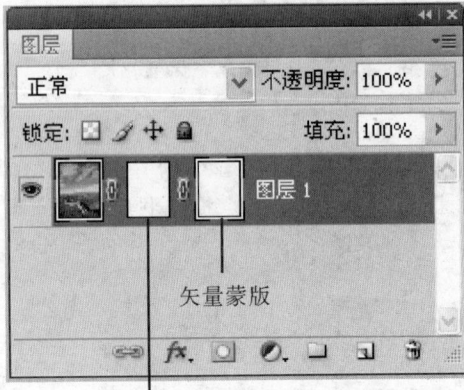

图 5 - 70

（3）蒙版的应用。

蒙版修改方便，不会因为使用"橡皮擦"或"剪切"、"删除"工具而造成不可返回的遗憾，它的主要应用有三个：抠图（创建选区）、做图的边缘淡化效果、图层间的融合（合成）。至于其他应用，要大家发挥想象力，学会以一种技术创造多种实例，真正领悟蒙版的真谛。

4. 通道

简单地说，通道就是选区。如图 5 - 71 所示是通道的面板，可看到一张彩色的图像，它是由红、绿、蓝三个通道组成的。

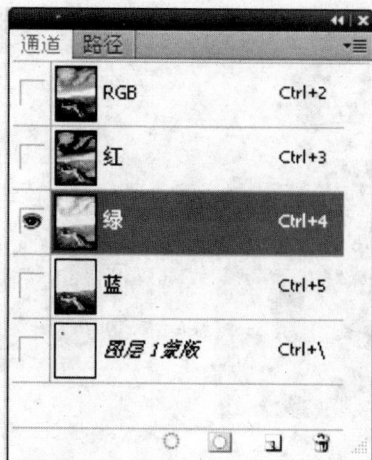

图 5 – 71

（1）通道的类型。

复合通道：图中的 RGB 图像有 3 个颜色通道，若是 CMYK 图像则有 4 个颜色通道，Lab 模式也有 4 个通道。

颜色通道：用于记录颜色。

专色通道：往往用于处理特殊操作。

Alpha 通道：用于记录保存选区。Alpha 通道中白色区域是被选择的区域，黑色区域是未被选择的区域，灰色区域是带有羽化效果的区域。

（2）通道的应用。

通道的应用主要有三个：选择区域（抠图）、表示墨水强度、表示不透明度。

利用通道，我们可以建立凌乱头发丝的精确选区。下面一起学习如何利用通道进行抠图，具体操作步骤如下：

①打开图像，复制"背景副本"图层，并打开通道面板。如图 5 – 72 所示。

图 5 - 72

②观察通道，除了第一个 RGB 通道是彩色的外，其他每个通道都是以灰色来显示的，其中蓝色通道的黑白对比较明显，我们选择蓝色通道进行操作。将蓝色通道拉至右下方的创建新图层按钮 ，生成新的通道 。

③前面讲过调整亮度和对比度的方法，这里我们使用曲线方法。执行"图像"→"调整"→"曲线"，向下拉动曲线使图像的对比度更明显。如图 5 - 73 所示。

原"蓝副本"通道   用曲线调整后

图 5 - 73 曲线调整前后对比图

④观察调整后的效果，人物脸部仍然有些亮，人物背后还有些暗，这时使用

画笔工具，选择黑色涂抹人物脸部，再选择白色涂抹有些暗的背景，如图5 – 74
所示。

⑤可以选择"蓝副本"通道了，同时按着"Ctrl"键，点击"蓝副本"通
道，并按"Ctrl + Shift + I"键反选，得到如图 5 – 75 所示的选区。

图 5 – 74

图 5 – 75

⑥前文说过，通道就是选区，进行到现在这步，可以清楚看到通道就是选
区，它记录着选区，如我们随时想用这人物的选区时，可进入通道，按着
"Ctrl"单击"蓝副本"通道调出选区，进行后续的编辑和处理。

⑦在通道中选择了选区后，点击"背景副本"图层，回到原始图片处，可
以看到人物已经被抠出来了，如图 5 – 76 所示。

⑧最后将抠出来的人物复制到新的背景或其他风景中，如图 5 – 77 所示。

图 5 – 76

图 5 – 77

5.4.4 Photoshop 的滤镜使用

滤镜可以实现图形图像的各种特殊效果。滤镜的种类非常多,现制作几个实例,让大家一起体验滤镜的无穷乐趣吧。

1. 滤镜库

①打开图像,执行菜单"滤镜"→"滤镜库",可看到中间有 6 种滤镜,每种滤镜又包括多种效果。如图 5 - 78 所示。

图 5 - 78

②选择其中一种效果,点击"确定"即可。如图 5 - 79 所示。

艺术效果—粗糙蜡笔　　纹理—马赛克拼贴　　素描—便条纸　　画笔描边—深色线条

图 5 - 79

2. 液化

利用液化滤镜可以将人物的小眼变成大眼。如图 5 - 80 所示。

原图   效果图

图 5 - 80   液化前后效果对比图

①打开图像，执行菜单"滤镜"→"液化"，弹出"液化"对话框。

②单击左上角的"向前变形工具" ，并调整 画笔大小: 100 （数值自定），如图 5 - 81 所示；再将眼睛轻轻地往上拉（向上变形），眼睛马上变大了。

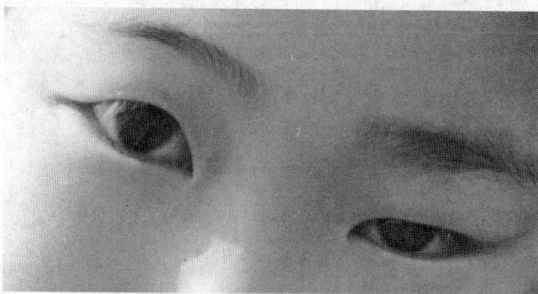

图 5 - 81

根据这一原理，我们还可以方便地修细腰部、手臂等，也可将其大幅度变形，制作出更多的效果。

3. 模糊

常用的模糊有动感模糊、高斯模糊、径向模糊等。现利用径向模糊制作刘翔冲刺飞翔的英姿：

①打开图像，将背景图层拉至 ，复制得到"背景副本"。

②先建立一选区。用套索工具随意跟画刘翔的身体，如图 5 - 82 所示。

③为使模糊的边缘更自然，对选区的边缘进行羽化设置。在图5-82的基础上，执行"选择"→"修改"→"羽化"，弹出"羽化"对话框，输入羽化半径为20像素，点击"确定"，如图5-83所示。

图5-82

图5-83

④我们要对刘翔身体外的图像进行模糊，因此按"Ctrl+Shift+I"键反选图像，如图5-84所示。

⑤建立好选区后对它进行操作，执行"滤镜"→"模糊"→"径向模糊"，弹出"径向模糊"对话框，如图5-85所示设置，点击"确定"。

图5-84

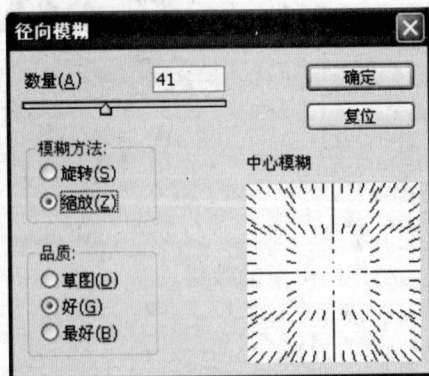
图5-85

最终效果如图5-86所示。

134

图 5 – 86

4. 扭曲

扭曲，顾名思义，通常用于使图像产生变形效果，包括产生球面化、挤压、水波变形、波浪变形等。下面演示用扭曲滤镜制作一个湖面的水波：

①打开图像，将背景图层拉至 复制得到"背景副本"。

②点击椭圆工具，在湖面中画一椭圆，如图 5 – 87 所示。

③为使椭圆边缘的波浪变化得更自然，对选区的边缘进行羽化设置。在图 5 –87 的基础上，执行"选择"→"修改"→"羽化"，弹出"羽化"对话框，如图 5 –88 所示，输入羽化半径为 10 像素，点击"确定"。

图 5 – 87

图 5 – 88

135

④执行"滤镜"→"扭曲"→"水池波纹",弹出"水波"对话框,如图 5-89 的设置,点击"确定"。

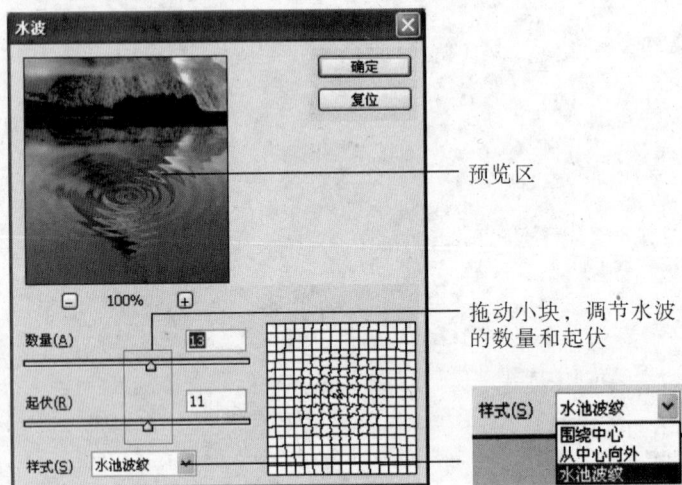

图 5-89

⑤湖面水波的效果如图 5-90 所示。按"Ctrl + D"键取消选区,操作完成,如图 5-91 所示。

图 5-90

图 5-91

5. 渲染

下面演示用渲染滤镜做一个云彩特效,我们使用的是渲染中的光照和分层云彩:

①打开软件，执行"文件"→"新建"，新建一个 500×300 的文档。

②在工具栏上设置前景色和后景色，其中一个为鲜黄，另一个为深土黄，效果如图 5 – 92 所示。

③执行"滤镜"→"渲染"→"分层云彩"，效果如图 5 – 92 所示；如果效果不理想，可再次执行"分层云彩"，效果如图 5 – 93 所示（分层云彩可多次执行）。

图 5 – 92

图 5 – 93

④执行"滤镜"→"渲染"→"光照效果"，弹出对话框如图 5 – 94 所示，主要设置光照类型。光照类型有三种，其中全光源和点光较常用，它们的区别如图 5 – 95 和图 5 – 96 所示。

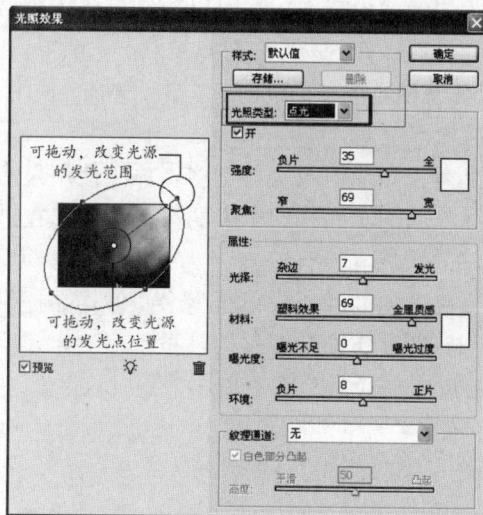

图 5 – 94

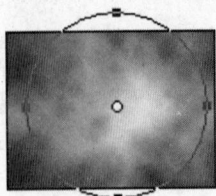

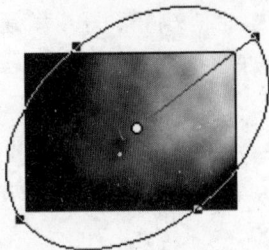

图 5-95　全光源（从中心发光）　　图 5-96　点光（从某一角度发光）

⑤我们随意选择一点（比如"点光"），拖动椭圆的边缘改变发光范围，拖动中心点，改变发光点位置，然后点击"确定"，效果如图 5-97 和图 5-98 所示。

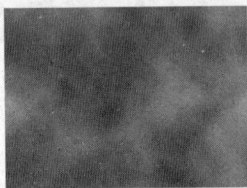

图 5-97　原图　　　　图 5-98　《日出时的云彩》效果图

以上列举了几种常用的滤镜技术，并附以实例讲解，相信大家对滤镜也有一定的了解了。滤镜工具虽然操作容易，有时只是点击一两步就可以，但是真正用起来却很难做到恰到好处。滤镜通常需要和通道、图层等联合使用，才能取得最佳艺术效果。

在制作多媒体作品时，图形图像素材是多媒体中使用最多的元素。图片素材的质量直接影响多媒体作品的界面，即给人的第一印象。在进行图形图像的编辑与处理时，如果有很好的构思和设计，却因为技术缺乏实现不了，或者有技术，做出来的作品却觉得失去灵魂的话，就很难为多媒体作品提供合适的素材。因此在平时的学习中，我们既要扎实地掌握好软件技术，又要多看一些设计作品，培养自己的艺术细胞。

【思考题】

1. 关于图形图像的制作途径，除了本章所说的这些，你还知道哪些？

2. 图像制作的一般步骤是什么？

3. 除了扫描仪，你还知道哪些设备可以获取图像？其操作步骤如何？

4. Photoshop 最核心的功能有哪些？为什么说只有掌握了这些核心功能与技术，才是真正掌握了 Photoshop 图像编辑的真谛？

5. Photoshop 中的常用图像编辑工具与其他图像编辑处理软件相比，有何异同？

6. 滤镜的种类非常多，除了本章所介绍的几种，你还知道哪些？试举例说明。

【实训题】

1. 上网下载并安装 Snap It 和超级解霸两款工具软件，熟悉其屏幕捕捉或屏幕硬拷贝的操作方法。

2. 使用滤色的混合模式，实现以下效果：

提示：将鸭子作为基色图层放在下面，将雪作为混合图层放在上面，选择"滤色"（原理：滤色是白色看得见，黑色看不见）。

3. 应用图层蒙版原理，实现如下效果：

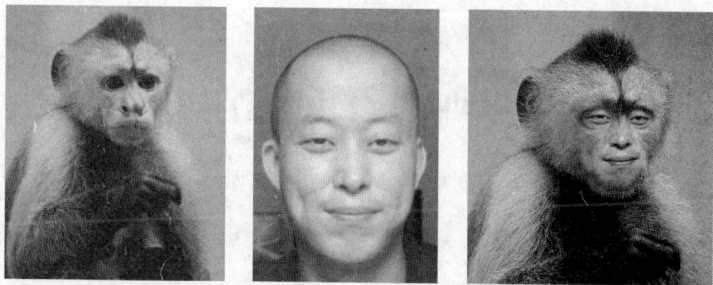

提示：将人头图层置于猩猩图层的上方，为人头图层建立图层蒙版，用柔和羽化的画笔工具（选择黑色）将人头的四周涂抹。

THE TECHNOLOGY AND CREATION OF MULTIMEDIA

The Production
of Animation
Material

第 6 章

动画素材的制作

本章在简要介绍了动画素材制作途径的基础上，重点介绍了 Flash 动画的特点与制作步骤，Flash 动画制作软件的基本使用，基本 Flash 动画的制作，以及导出动画等方面的知识与技能。

【本章学习要点】

要掌握好动画素材的制作，读者必须首先了解动画素材的一般制作途径，以及动画的特点与制作步骤，特别是在此基础上，要熟练掌握 Flash 动画制作工具的基本使用与制作技巧。例如熟悉三种基本类型动画的绘制、元件的编辑、库的使用以及动画的发布等。当然，要想制作出功能更加强大的交互式的动画作品，如在线游戏等，还需要掌握 Action Script 脚本编程方面的知识。这方面的内容，读者如有兴趣，可自行参考相关教材。特别需要指出的是，Flash 在动画的制作过程中，主要扮演的是工具的角色，它是目前动画制作中效率比较高的工具之一，而一个好的动画，并不依赖于你用什么工具，而是依赖于你的专业程度。专业知识越扎实，创意越新颖，做出的动画就越好。工具的学习仅仅是第一步。其实，其他素材类工具的作用大体也是如此。

【本章内容结构】

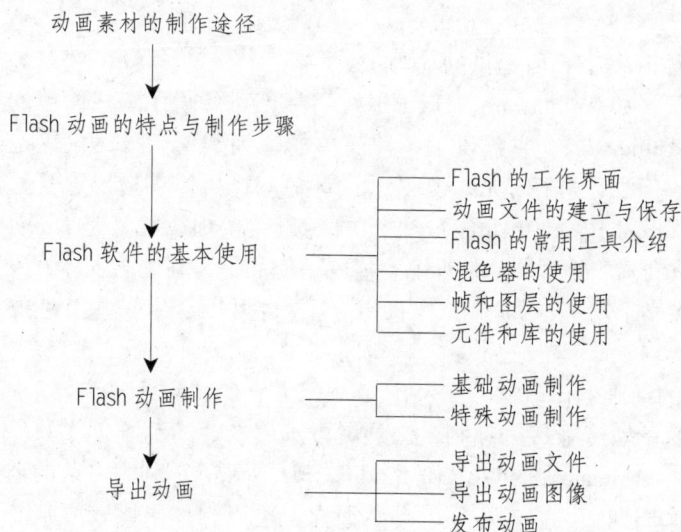

动画素材的制作途径

↓

Flash 动画的特点与制作步骤

↓

Flash 软件的基本使用 ——— Flash 的工作界面
　　　　　　　　　　　　动画文件的建立与保存
　　　　　　　　　　　　Flash 的常用工具介绍
　　　　　　　　　　　　混色器的使用
　　　　　　　　　　　　帧和图层的使用
　　　　　　　　　　　　元件和库的使用

↓

Flash 动画制作 ——— 基础动画制作
　　　　　　　　　　特殊动画制作

↓

导出动画 ——— 导出动画文件
　　　　　　　导出动画图像
　　　　　　　发布动画

141

6.1 动画素材的制作途径

多媒体软件中动画素材的制作途径主要有以下几种方式：

（1）利用程序语言设计动画。

面向对象多媒体编程语言，如 VC ++、VB、Delphi、Java 等，都提供了在屏幕上移动物体对象或控制物体对象大小的语句，可以据此创作一些简单的动画。一般说来，利用编程语言设计动画需要建立一个有相应的运行轨迹的数学模型。这种实现动画途径的优点是控制灵活、精确、交互性强，但程序调试工作量极大，修改极其不便，动画的创作效率比较低。在无外部造型接口输入的情况下，不可能进行复杂的动画创作。但是近年来，由于面向对象技术的迅猛发展，利用一些编程语言软件包提供的 2D 和 3D API 等专用类库可以较为方便地创建二维和三维的交互动画。例如，Java 与 VRML（虚拟现实语言）混合，可创作出惊人的虚拟现实的动画。可以说 Java 技术在交互式动画的创建方面向人们展示出了迷人的前景。

（2）利用多媒体开发工具所提供的动画工具。

多媒体开发工具，如 Authorware、Hong Tool 等一般都提供了一些简单的二维动画制作功能。如 Authorware，它提供了 5 种简单的运动类型。虽然仅仅是简单的直线或曲线运动，但如果进行精心、巧妙的设计，同样可以创造出逼真、有趣的动画。相比而言，Tool Book 和 Director 的动画能力比较强，尤其是 Director 可以制作各种字体特技动画、物体转动效果等。值得一提的是，利用多媒体开发工具本身的一些特殊效果显示功能，如渐变、百叶窗等，也可以产生一些有趣的简单动画。

（3）利用专门的动画创作软件。

如果要创作逼真的、专业级的动画，必须考虑选用专业的动画创作软件，如 Flash、Animator Pro、Animator Studio、3D Studio、3D Max 等。利用专业的动画创作软件的优点是制作周期短、修改方便、动感逼真，可以制作出比较复杂、立体感非常强的动画。而且有些动画创作工具是"良性的"，如 Flash 制作的动画文件，可以在 Authorware 5.X 以上版本中直接调用。在多媒体软件动画创作领域，选择使用动画创作工具进行动画创作是一条首选的途径。

（4）利用影视动画创作系统。

动画创作系统一般可划分为个人机级和工作站级两类。影视动画创作是基于工作站级的，从模拟物体表面的纹理、光感、立体感、动画图像分辨率、动画的实时着色等方面来讲，其效果都是个人机动画制作系统所无法比拟的。但其投入相对较大，操作使用要经过专门的培训，一般用于专业级的广告设计、影视动画制作。

6.2　Flash 动画的特点与制作步骤

1. Flash 动画的特点

（1）作品文件数据量小：Flash 动画的对象是矢量图形，即使动画内容丰富，其数据量也非常小。

（2）使用"流"式播放技术：这是 Flash 动画最大的特点，播放前不需要将文件全部下载，只需要下载文件前面的内容，在播放的同时将自动下载并播放后面的内容。

（3）应用范围广：Flash 动画可以应用于 MTV、网络游戏、搞笑动画、情景动漫、网页等的制作，以及多媒体教学等众多领域，应用范围相当广泛。

（4）表现形式多样：Flash 动画的表现形式可以包含文字、图形、声音、动画以及视频等内容。

（5）交互性强：Flash 软件自带较强的交互功能，开发人员可以轻易为动画添加效果。

2. Flash 动画的制作步骤

Flash 动画的基本制作步骤如图 6 - 1 所示：

| 动画策划 | → | 材料收集 | → | 制作动画 | → | 修改动画 | → | 测试动画 | → | 发布动画 |

图 6 - 1　Flash 动画的基本制作步骤

（1）动画策划：一个好的动画作品，必须要有一个好的动画主题，这就要求在制作动画前，首先要确定制作动画的目的。动画设计者能够对动作产生较强的视觉感知，并进行巧妙的运用，以适应其个人的画风。动画策划在 Flash 动画制作中非常重要，对整个动画的品质起着至关重要的作用。

（2）材料收集：在动画策划后，接下来就要开始收集制作动画的素材。收集素材时应该有针对性、有目的性，最重要的是根据动画策划而选择素材类型。

（3）制作动画：制作动画是整个工作中的中心环节，是根据自己动画策划的意图，用所收集的素材将想法变成作品的过程。在这个过程中，每个细节都至关重要，都需认真对待。

（4）修改动画：修改动画主要是对动画的一些细节、动画的动作效果、声音效果以及衔接方面进行协调和调整，使整个画面更加流畅，对不好的地方加以

143

修改，最终保证作品的质量。

（5）测试动画：测试动画是检测动画的效果和品质的过程，测试内容主要有主题是否背离、整体是否协调、情节是否完整、界面是否美观、动画是否流畅、音效是否恰当等。在测试时应尽可能在不同档次的电脑上进行，然后根据测试的结果对动画进行调整和修改，尽可能使动画实现更佳的效果。

（6）发布动画：对动画生成的格式、画面质量和声音效果进行设置和发布。动画发布时的设置对动画文件的格式、大小以及在网络中的传输速率有很大的影响。

6.3　Flash 软件的基本使用

下面以 Flash8.0 为例，介绍 Flash 软件的基本使用方法。

6.3.1　Flash 的工作界面

启动 Flash8.0 后，其开始界面如图 6-2 所示：

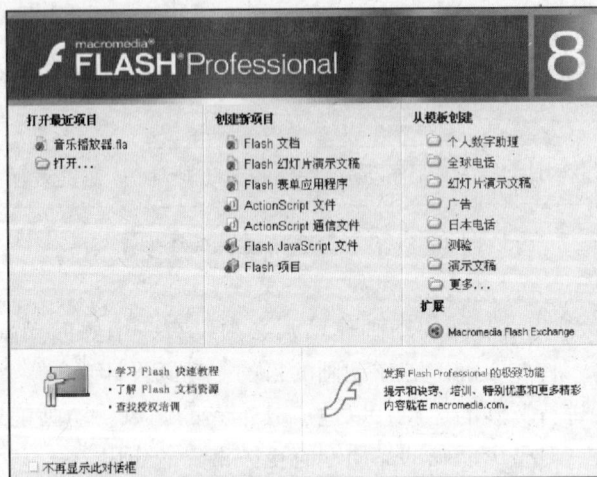

图 6-2　Flash8.0 的开始界面

可以在开始界面中完成创建新项目、打开最近项目、从模板创建项目，以及获取 Flash 教程等操作。

在"创建新项目"栏中单击"Flash 文档"选项，可打开 Flash8.0 的工作界面，如图 6-3 所示：

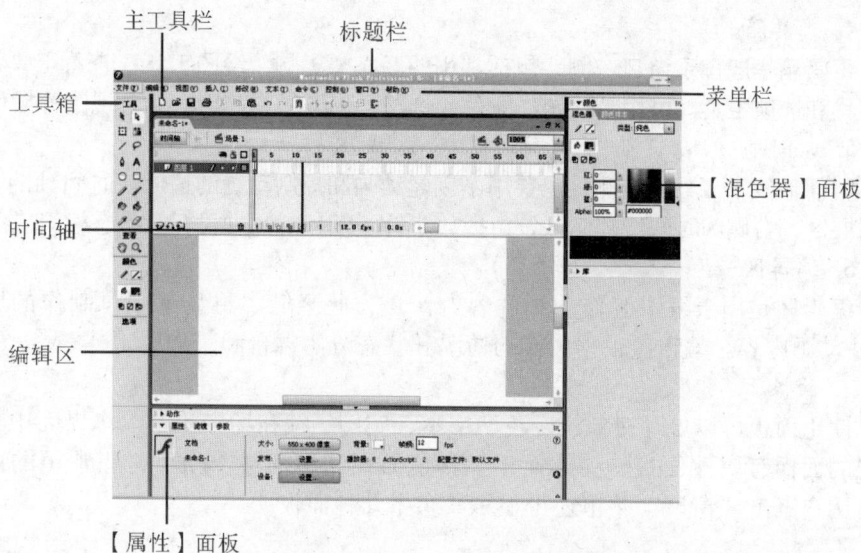

图 6 – 3　Flash8.0 的工作界面

1. 标题栏

标题栏用于显示应用程序图标和应用程序名称。在标题栏中可以通过"最大化"按钮 ✚ 、"最小化"按钮 ▬ 和"关闭"按钮 ✖ 对窗口进行操作。

2. 菜单栏

菜单栏中有很多命令，用于 Flash8.0 常用功能的执行，主要由"文件"、"编辑"、"视图"、"插入"、"修改"、"文本"、"控制"、"窗口"和"帮助"等菜单项组成。

3. 主工具栏

主工具栏位于菜单栏的下方，如图 6 –4 所示：

图 6 –4　主工具栏

主工具栏主要完成对动画文件的基本操作，如新建、打开和保存动画文件等。

4. 工具箱

工具箱一般位于窗口左侧，包括常用的四大类工具：绘图工具、查看工具、颜色工具和选项工具。可用于绘制、涂色、选择、修改插图和更改舞台视图等操作。

5. 时间轴

时间轴位于工具箱右侧，主要用于创建动画和控制动画的播放。时间轴的左侧为图层区，右侧为时间线控制区，由播放指针、帧、时间轴尺标及状态栏组成。

6. 编辑区

编辑区是用于编辑制作动画内容的区域，此区域中将显示用户制作的原始Flash 动画内容。编辑区根据工作的情况和状态分为舞台和工作区。

7. 面板

使用面板可以处理对象、颜色、文本、实例、帧和场景等。工作界面中默认出现的面板有属性面板、动作面板、颜色面板和库面板。除了这些常用的面板外，用户点击"窗口"菜单还可显示其余十几种面板。

6.3.2 动画文件的建立与保存

Flash8.0 建立与保存文档的操作方式非常便捷，包括"新建"、"保存"、"关闭"和"打开"Flash 文档。

1. 新建 Flash 动画文件

新建 Flash 文档有如下 3 种方法：

（1）使用开始页。启动 Flash8.0 时，在打开开始页的"创建新项目"区域中，单击"Flash 文档"选项，即可新建 Flash 文档。

（2）使用"新建文档"对话框。在 Flash8.0 的工作界面中，单击"文件"→"新建"菜单项或按"Ctrl + N"键，弹出"新建文档"对话框，如图 6 - 5 所示，在其"常规"选项卡中，选择"Flash 文档"选项，单击"确定"按钮即可。

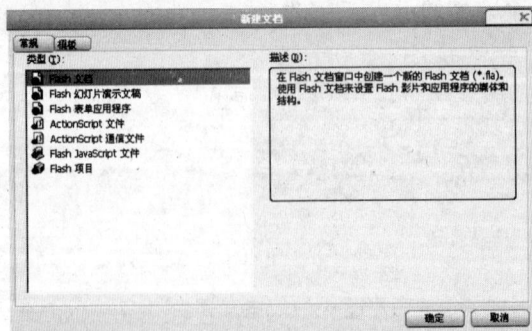

图 6 - 5　新建文档对话框

（3）使用模板。在"新建文档"对话框中，单击"模板"选项卡，打开
"从模板新建"对话框，如图6-6所示。

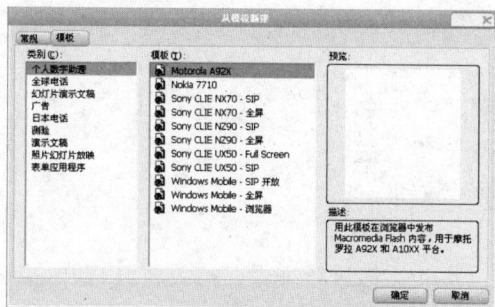

图6-6　"从模板新建"对话框

2. 保存 Flash 文档

对一个 Flash 文档编辑完成后，可以将其保存起来，以便以后使用。其具体
操作如下：

（1）单击"文件"→"另保存"，弹出"另存为"对话框，如图6-7所示：

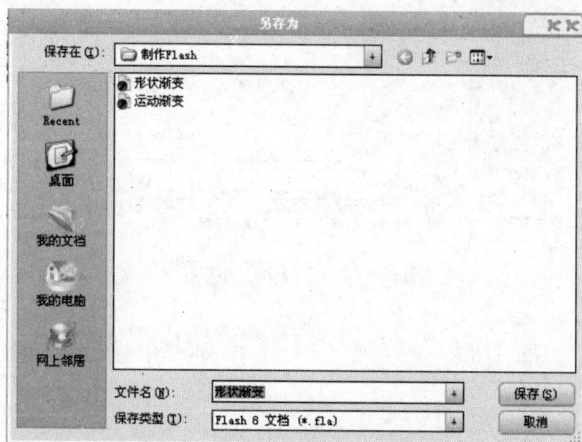

图6-7　"另存为"对话框

（2）在该对话框中的"保存"下拉列表中选择保存文档的路径。

（3）在"文件名"文本框中输入保存文件的名称。

（4）在"保存类型"下拉列表中选择文档的保存类型，一般不改动默认

147

选择。

（5）单击"保存"按钮。

3. 关闭 Flash 文档

如果不需要使用当前的 Flash 文档，可以关闭当前文档。关闭 Flash 文档的常用方法有如下几种：

（1）单击"文件"→"关闭"菜单项。

（2）按"Ctrl + W"组合键。

（3）单击"关闭"按钮。

4. 打开 Flash 文档

如果要对已有的 Flash 文档进行编辑，需要将其打开，具体操作步骤如下：

（1）单击"文件"→"打开"菜单项，弹出"打开"对话框，如图 6 - 8 所示：

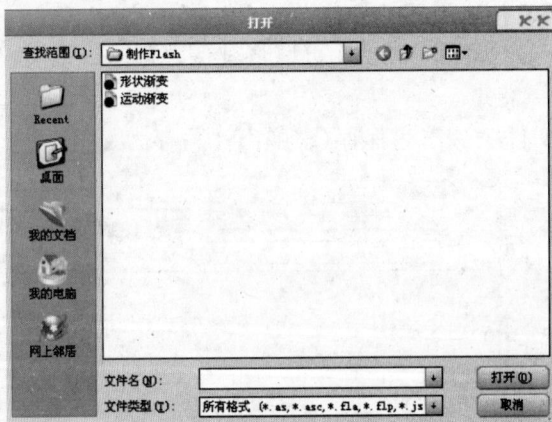

图 6 - 8 "打开"对话框

（2）在该对话框中的"查找范围"下拉列表中选择要打开的文档所在的路径。

（3）在下方的列表中选中要打开的文件图标。

（4）单击"打开"按钮。

6.3.3 Flash 的常用工具介绍

打开 Flash 软件，可看到左边有一个工具箱，当鼠标光标移动到工具上时，会显示该工具的名称。现简单介绍常用工具的使用。如下表所示：

148

Flash 常用的工具介绍表

工具名称	图标	功能	使用方法	使用图解或补充说明
选择工具		选择图形、帧、图层、元件等	用鼠标单击或拖曳（具体选择帧或图层在后面再详解）	选中图形后 
部分选择工具		选择图形，对它进行变形	用鼠标拖曳出一个矩形即可选中对象	选中图形后：拖动绿色点变形 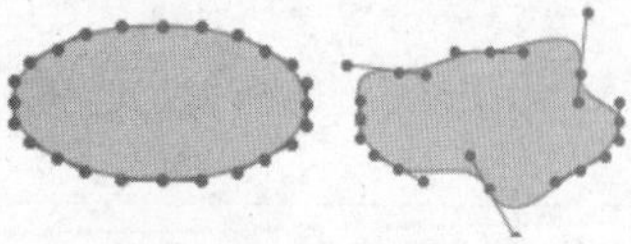
任意变形工具		使图形或元件变形	用鼠标拖曳或双击目标，拖动四周的黑色正方形	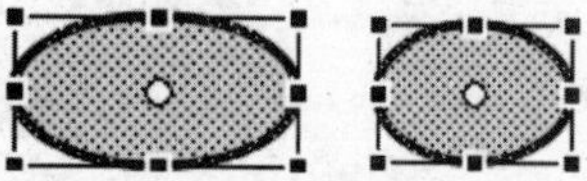
线条工具	/	绘制线条	直接拖曳画出直线，将鼠标放在直线旁，待出现后将直线向外拖动，可绘制曲线	直线　　曲线 
文本工具	A	添加文本	单击工具即可打字	在工作界面最下方有属性栏，**属性**　**滤镜** 可改变文本的颜色、大小、字体等，使用滤镜可为文本添加投影、发光、模糊、渐变等多种特效 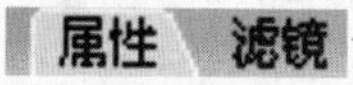
椭圆工具	○	绘制圆形	用鼠标拖曳	打开"属性"面板可设置属性 
矩形工具	□	绘制直角或圆角矩形	用鼠标拖曳画出矩形，同时按下键盘的"上"或"下"方向键可画出圆角或缺角的矩形	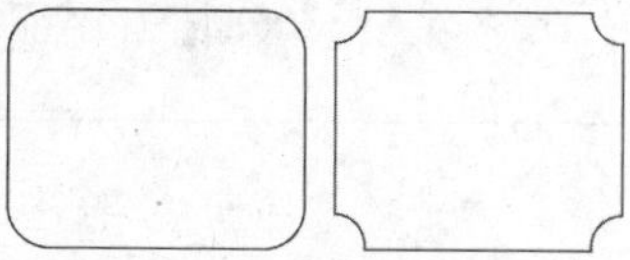 同时按着"上"　同时按着"下"

149

（续上表）

工具名称	图标	功能	使用方法	使用图解或补充说明
多角星形工具		绘制多边形和星形	设置好属性后用鼠标拖曳，单击属性中的"选项"可选择星形和输入多边形的边数	工具设置 样式：星形 边数：5 星形顶点大小：0.50 确定 取消
铅笔工具		绘制线条	直接绘制	在工具栏最下方有"伸直"、"平滑"、"墨水"三种线条选项
滴管工具		吸取颜色	单击工具点击任一位置，即可吸取它的颜色	常与颜料桶工具一同使用
颜料桶工具		填充颜色	对着要填色的区域单击	要填充丰富的颜色可使用混色器
橡皮擦工具		擦除图形	按着鼠标左键不放并回来擦；工具栏最下方可选择橡皮擦的直径大小	要擦除的对象必须是图形，若要擦除文字的某一笔，可先按"Ctrl + B"键进行打散，使它变成图形后才能擦除
手形工具		查看舞台上的对象	按着左键不放并拖动	
缩放工具		改变显示比例	先在工具栏最下方选择	按"Ctrl + ' + '"键可直接放大 按"Ctrl + ' - '"键可直接缩小
笔触颜色		填充线条颜色	先选择对象，再设置属性	
填充色		填充区域颜色	同上	

6.3.4　混色器的使用

单击"窗口"菜单，可看见 Flash 有多种面板，其中混色器是 Flash 重要的面板之一，因此，它常被置于 Flash 工作界面的右边。混色器的作用是为对象填充丰富多变的颜色，它有四种类型：纯色、线性、放射状和位图。如图 6－9 所示：

图 6－9　混色器的四种类型

1. 纯色填充

每一种填充都分线条和区域，每次填充时都须先选中要操作的对象。

2. 线性填充

线性填充即我们平常所说的渐变。

【实例 1】"圆柱体"的制作。

①单击矩形工具 ▭ ，在舞台绘制一个矩形，如图 6－10a 所示。

②单击中间区域，如图 6－10b 所示，打开"混色器"面板，在类型中选择"线性"，此时出现渐变条，如图 6－11 所示，设置渐变条后如图 6－10c 所示。

双击左侧的 ⬠ 调出颜色并选择颜色（如深蓝色），同理，双击右侧的 ⬠ 选择颜色（如淡蓝色），也可单击中间为渐变条添加色块（如添加白色），若想取消色块，可直接按着色块往下拖出。

③单击圆形工具 ◯ ，在矩形下方绘制椭圆，然后单击上面的线条，按"Del"删除，效果如图 6－10d 所示。

④同理，在矩形上方绘制椭圆，效果如图 6－10e 所示。

151

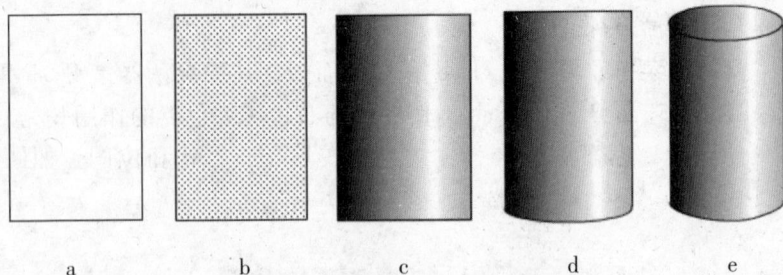

图 6 - 10

图 6 - 11   设置渐变条

3. 放射状填充

放射状是由四周到中心的渐变形式。

【实例 2】"球形"的制作。

①单击圆形工具 ◯，按着"Shift"键绘制一个正圆，并选中中间，如图 6 - 12a 所示。

②打开"混色器"面板，在类型中选择"放射状"，其渐变条的设置与线性的相似，左边代表中心色，右边代表周边色。设置完成后，单击颜料桶工具 🪣（单击不同的地方，可产生不同的效果），删除线条后，效果如图 6 - 12b 所示。

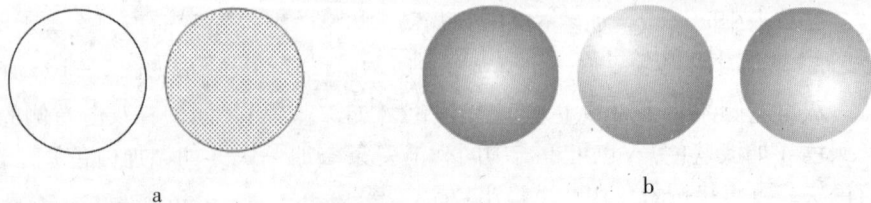

图 6 - 12

4. 位图填充

位图填充是指用图片填充区域。操作步骤是首先确定要填充的是区域而不是线条，再单击"位图"，此时在弹出的"导入到库"对话框中选择一张图片（如QQ），可看到 里面导入了一张图片，此时单击 或 等，一经绘制则会立即出现填充效果，如图 6 - 13a 所示，填充即告完成；刚才是用小图填充大区域，同理，也可以用大图去填充小区域，如图 6 - 13b 所示。

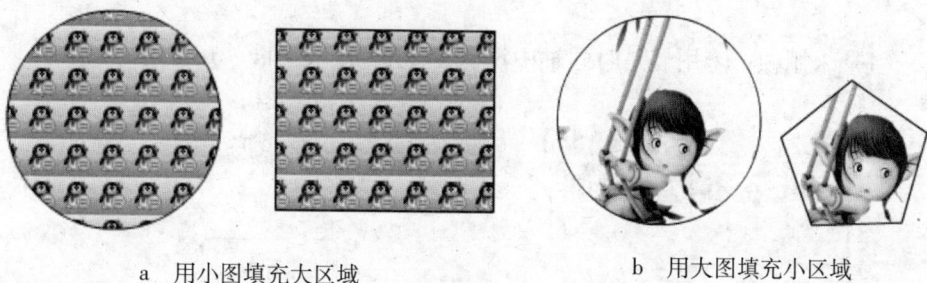

a 用小图填充大区域   b 用大图填充小区域

图 6 - 13

6.3.5　帧和图层的使用

1. 帧的类型

帧置于时间轴的右侧，它是动画中最小单位的单幅画面，相当于电影胶片上的每一格镜头。一帧就是一幅静止的画面，连续的帧就形成了动画。根据时间轴上的数值，将每一格相应地命名为第几帧。如图 6 - 14 所示。

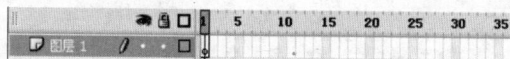

图 6 - 14　帧数

帧的类型主要有：

（1）关键帧：用来描述动画中关键画面的帧，关键帧当前所对应的舞台中会有内容，画面内容可相同也可不同。关键帧在"时间轴"面板中显示为灰色的实心小圆圈 。

（2）空白关键帧：空白关键帧当前所对应的舞台中没有内容。在该帧加入对象后，即转为关键帧。空白关键帧在"时间轴"面板中显示为白色的空心小圆点 。

（3）静态延长帧：用于延长上一个关键帧的播放状态和时间，静态延长帧当前所对应的舞台不可编辑，它在"时间轴"面板中显示为灰色区域。如图 6 - 15 所示（图中第 1 帧是空白关键帧，第 2 ~ 15 帧都是它的静态延长帧）。

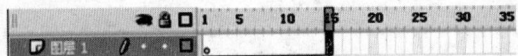

图 6 - 15   静态延长帧

（4）未用帧：未用帧是时间轴中没有使用的帧，如图 6 - 16 所示。

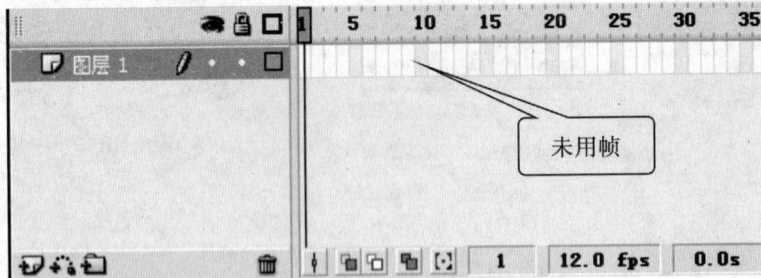

图 6 - 16   未用帧

（5）补间帧：补间帧出现在两个关键帧之间，包括由前一个关键帧过渡到后一个关键帧的所有帧。运动补间的补间帧以蓝灰色的箭头表示，形状不见的补间帧以绿色的箭头表示，如图 6 - 17 所示。

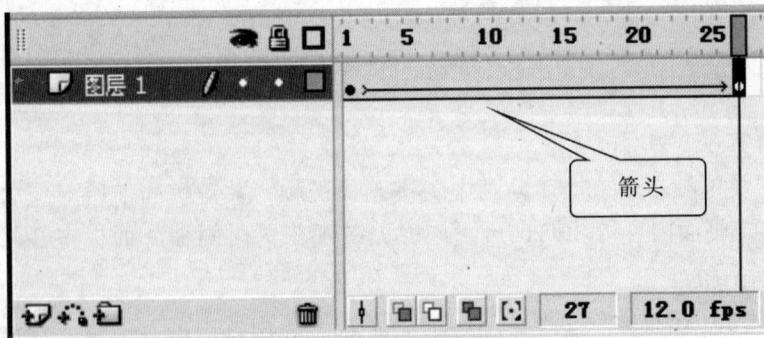

图 6 - 17   补间帧

2. 帧的操作

帧显示为"时间轴"面板上的小格，动画设计通过"时间轴"面板完成帧的创建与删除，然后通过连续播放这些来生成动画。

（1）插入关键帧。

在"时间轴"面板中选中需要插入的位置，按"F6"键快速插入关键帧；

右击需要插入帧的位置，在弹出的菜单中单击"插入关键帧"；

选中需要插入帧的位置，单击"插入"→"时间轴"→"关键帧"。

（2）插入帧。

选中需要插入帧的位置，按"F5"键快速插入延长帧；

右击需要插入帧的位置，在弹出的菜单中单击"插入帧"；

选中需要插入帧的位置，单击"插入"→"时间轴"→"帧"。

（3）插入空白关键帧。

选中需要插入帧的位置，按"F7"键快速插入空白关键帧；

右击需要插入帧的位置，在弹出的菜单中单击"插入空白关键帧"；

选中需要插入帧的位置，单击"插入"→"时间轴"→"空白关键帧"。

（4）删除帧。

在"时间轴"面板中，右击需要删除的帧，从弹出的菜单中选择"删除帧"。

（5）复制粘贴帧。

选择要复制的一帧或多帧后右击，在弹出的菜单中单击"复制帧"，再对着目标地方的帧右击，在弹出的菜单中单击"粘贴帧"。帧的复制与粘贴不能使用快捷键"Ctrl + C"和"Ctrl + V"。

（6）翻转帧。

若有一行连续的帧，首先选择这一序列帧■■■■■■■■■■并右击，在弹出的菜单中选择"翻转帧"，则前后的帧会互换位置。翻转帧的操作在制作动画时常会用到。

（7）转换帧。

选中一帧或多帧并右击，在弹出的菜单中单击"转换关键帧"或"转换空白关键帧"。

3. 图层的类型

Flash 的图层与上一章 Photoshop 的图层相似，同样可以将图层看作一叠透明的玻璃纸，每张玻璃纸上放有不同的内容，当它们层叠在一起时就组成了一幅较复杂的画面。动画制作者通常会将不同的内容放在不同的图层，以便修改和分开制作动画。图层有三种：

（1）普通图层。

启动 Flash 后，默认只有一个普通图层"图层 1"，如图 6 – 18 所示。

6-18 普通图层

（2）引导图层。

单击 按钮可新建引导图层，如图 6-19 所示，该图层用于引导下面图层的对象。

（3）遮罩图层。

如图 6-20 所示，"图层 1"是被遮罩的图层，"图层 2"是遮罩图层。

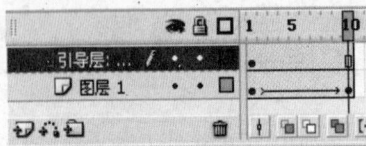

图 6-19　引导图层

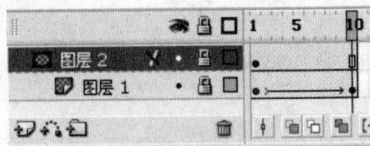

图 6-20　遮罩图层

4. 图层的操作

（1）选择图层：直接单击图层，或单击一个帧都可选中该帧所在的图层。

（2）新建图层：单击 按钮，或单击"插入"→"时间轴"→"图层"。

（3）移动图层：选中要移动的图层，按住鼠标左键并拖动。

（4）复制图层：单击图层可选中该图层中的所有帧，在选中的帧上按右键，选择"复制帧"，在另一图层的第一帧上按右键，选择"粘贴帧"即可。

（5）重命名图层：双击要重命名的图层，便可编辑文本，按回车键确定。

（6）锁定与解锁：有时为了防止不小心修改了已编辑好的图层，需锁定该图层。单击 下面该层对应的 ，当变为 时，表示图层已被锁定，再次单击该图层的 ，图层将解锁。

（7）隐藏与显示：图层是层叠在一起的，上面图层的内容会遮住下面图层的内容，有时为了方便编辑，会将不需要的图层先隐藏起来。单击 下对应的图层的 ，当其变成 ✖ 时，图层就被隐藏了，再次单击，图层就呈现显示状态。

156

（8）删除图层：选中要删除的图层再单击 🗑，或直接把图层拖到 🗑。

6.3.6　元件和库的使用

元件和库在 Flash 中非常重要，简单说，画了一个圆形，将它转成元件后即可存到库里，元件可以随时拉出来反复使用，这样就不需要再画一个圆形了，因此其为动画制作带来很多便利。

创建元件很简单，执行菜单"插入"→"新建元件"，便可看到元件有三种类型，如图 6 - 21 所示。当元件被创建后，它们都被存入 Flash 的"库"里：

图 6 - 21　"创建新元件"的对话框

（1）图形元件 🖼 图形。

图形元件可以是静止的图片，也可以是多个帧组成的小动画。

（2）影片剪辑元件 🎬 影片剪辑。

影片剪辑本身就是一个小的 Flash 动画，当整个动画播放时，影片剪辑也在循环播放。

（3）按钮元件 🛎 按钮。

按钮元件用于创建动画的交互控制，以响应鼠标事件。

按钮元件由"弹起"、"指针经过"、"按下"和"点击"四部分组成，如图 6 - 22 所示，在"弹起"这一帧放置了一个圆形，这就是按钮的形态，其中，"弹起"帧里必须有内容，其余三个帧的内容可有可无。

Flash 还提供了一个公用库（单击"窗口"菜单可调出），里面包括多种已做好的元件，方便使用者随时取出反复使用。

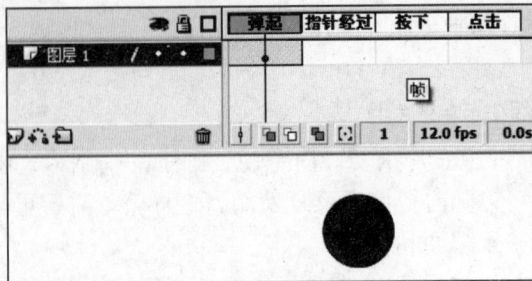

图 6-22　按钮元件的四帧

6.4　Flash 动画制作

6.4.1　基础动画制作

Flash 二维动画存在不同的标准，其中，按照制作方式可以分为逐帧动画、动作补间动画、形状补间动画三种类型。

1. 逐帧动画

逐帧动画指每一帧都是关键帧的动画，若一部作品的每帧都是关键帧，文件的体积就太大了，所以逐帧动画多见于不规则的动画片段。

逐帧动画的原理是为每帧添加不同的内容，当播放时，由于内容不同，会产生视觉动画效果。它在时间轴上通常表现为：或。

【实例 3】动态 Logo 文本"欢迎来到广东技术师范学院"的制作。

①新建一个 Flash 文档。

②在工具箱中单击"文本工具"按钮 A，并在舞台中输入文本"欢迎来到广东技术师范学院"。

③选中舞台中的文本，在"属性"面板中设置"字体"为"宋体"、"字体大小"为"50"、"文本（填充）颜色"为红色，如图 6-23 所示。

图 6-23　在舞台中输入文本并设置属性

④在"时间轴"面板中按"F6"键插入关键帧，文本中共 12 个字，故一次需要插入 12 个关键帧，如图 6-24 所示。

158

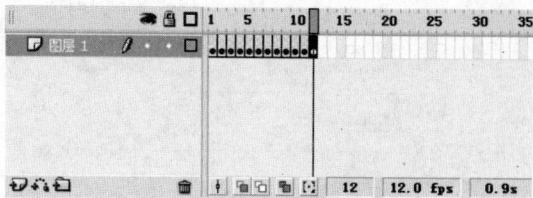

图 6－24　插入关键帧

⑤选中第 1 帧，保留文本中第一个字"欢"，删除舞台中的其他文本，如图 6－25 所示。

图 6－25　对第 1 帧进行编辑

⑥选择第 2 帧，保留文本中前两个字"欢迎"，删除舞台中的其他文本，如图 6－26 所示。

图 6－26　对第 2 帧进行编辑

⑦使用同样的方法，对后面的每一帧内容进行编辑处理。
⑧单击"控制"→"测试影片"菜单项，得到动画的预览效果，如图6－27

159

所示。

欢迎

欢迎来到

欢迎来到广东技术

欢迎来到广东技术师范学院

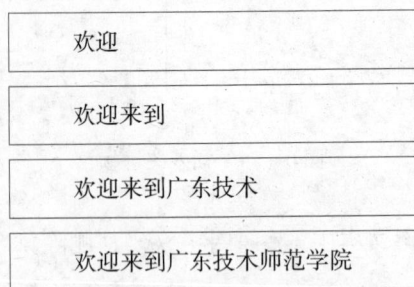

图 6-27　动画的预览效果

⑨由于默认动画播放速度很快，因此可以根据不同需要对播放速度进行适当的调整。

方法一：单击"修改"→"文档"菜单项，弹出"文档属性"对话框，将帧频的数值改小即可；

方法二：在每一个关键帧后插入静态延长帧，也可使播放速度减慢，如图6-28 所示。

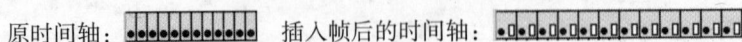

原时间轴：　　　插入帧后的时间轴：

图 6-28　插入静态延长帧

⑩在"帧频"文本框中输入"1"。

⑪单击"确定"按钮，关闭"文档属性"对话框。

⑫单击"控制"→"测试影片"菜单项，得到动画的慢速播放效果。

2. 动作补间动画

动作补间动画，也称补间动画。由　　　这一时间轴可看出，只需设置第 1 帧和最后一帧的内容，在这两帧中间任一位置按右键，在弹出的菜单中选择"创建补间动画"，即可创建动作补间动画。

制作步骤是：设置第 1 帧——设置最后一帧——右击创建补间动画。

需要注意的是，第 1 帧和最后一帧都必须是元件。

【实例4】"行驶的汽车"的制作。

图6-29　动画效果：汽车从左边驶向右边

①执行"文件"→"导入"→"导入到舞台"，选择一张汽车图片并打开。

②设置第1帧：右击图片，选择"转换为元件"，在弹出的对话框中选择"图形"，如图6-30a与6-30b所示，将之命名为"汽车"，此时右边的库中便多了一个汽车图形元件。

a（转换前图形）

b（转换后的元件）

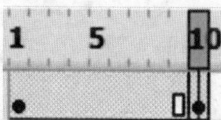

c（在第10帧插入关键帧）

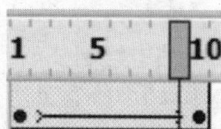

d（创建补间动画）

图6-30

③设置最后一帧：在第10帧处单击右键并选择"插入关键帧"，如图6-30c所示，将第10帧的汽车位置拉到舞台右边，使第1帧和最后一帧的汽车位置不一样。

161

④在中间帧处单击右键并选择"创建补间动画"，如图 6 – 30d 所示；按"Ctrl + 回车"键播放动画。

以上步骤制作出的动画中，汽车是匀速行驶的，大家想一想，如果要制作停车（由快到慢）或突然加速（由慢到快），应该如何制作呢？可以通过设置补间的属性来实现。接着上面的例子，在"汽车匀速行驶"动画时间轴中单击中间帧，打开下面的"属性"面板，可看到当前的状态是 补间: 动画 ▼ 缓动: 0 ▼ ，单击缓动的 ▼ ，选择正数时，表示速度由快到慢，选择负数时，表示速度由慢到快。设置好缓动的参数后，再次按"Ctrl + 回车"键播放动画，看一下汽车的速度发生了什么变化。

3. 形状补间动画

形状补间动画的制作和前者有点相似，也是只需设置第 1 帧和最后一帧的内容，形状补间动画可以使一个图形或文字变成另一个图形或文字，由于是形状的变化，形状补间动画的第 1 帧和最后一帧必须是图形，而不是元件，这也是形状补间动画区别于前者的特点。动作补间动画主要是改变前后两个关键帧的大小、位置和颜色等，而形状补间动画主要是改变前后两个关键帧的形状。

【实例 5】"公鸡变凤凰"的制作。

图 6 – 31   动画效果：公鸡变凤凰

①在第 1 帧中绘制公鸡，如图 6 – 32 所示（不用转成元件）。
②在第 10 帧中绘制凤凰，如图 6 – 33 所示。

图 6 – 32   公鸡

图 6 – 33   凤凰

162

③点击中间帧任一位置，打开"属性"面板，可看到 补间: 无 ⌄ ，单击
选择 补间: 形状 ⌄ ，此时时间轴上的帧变成 ●————→▌▌ ，可看到，形状补间是
淡绿色的，动作补间是淡紫色的。按"Ctrl + 回车"键播放动画。

6.4.2 特殊动画制作

1. 引导层动画

引导层是 Flash 中一种特殊的图层，制作动画时，引导层起到引导运动路径
的作用。使用这种动画可以使一个或多个元件完成曲线或不规则运动。

一个最基本的"引导层路径动画"是由两个图层组成，上一层是"引导层
⁂"，用于放置对象运动的路径，下面一层是"被引导层 🗅"，用于放置运动
的对象，与普通图层一样。单击图层中的⁂按钮，即可创建引导层，如图 6 - 34
所示。

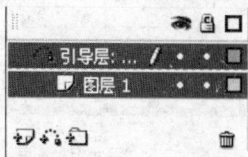

图 6 - 34　引导层与被引导层

【实例 6】"月亮绕着地球转动"的制作。

①新建一个 Flash 影片文档，设置舞台背景颜色为浅蓝色，其他设置保持
默认。

②新建一个图层，并将图层重命名为"地球"。

③选择椭圆工具，并选择深蓝色，按住"Shift"键，在舞台中央画一个圆，
在第 40 帧处插入帧。如图 6 - 35 所示。

④选择椭圆工具，并选择银白色，按住"Shift"键，在舞台中央画一个圆，
在第 40 帧处插入关键帧。如图 6 - 36 所示。

图6-35 画一个地球

图6-36 画一个月亮

⑤单击"添加运动引导层"按钮，为图层"月亮"添加一个引导层。如图 6-37 所示：

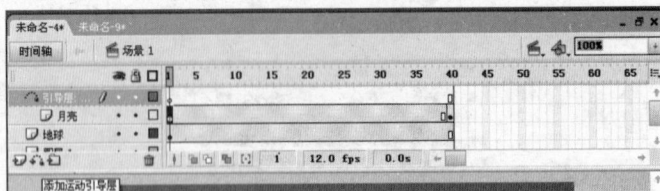

图6-37 添加引导层

⑥单击"引导层"图层的第1帧，选择椭圆工具，笔触为黑色，无填充颜色，在舞台中央画一个大椭圆。

⑦单击"橡皮刷"工具，擦去椭圆的一角。如图6-38所示：

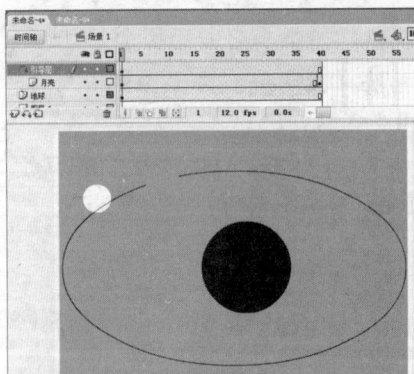

图6-38 用"橡皮刷"工具擦去一角

⑧单击"月亮"图层的第 1 帧，并将月亮移到椭圆缺口的一端，再单击"月亮"图层的第 40 帧，把月亮移到椭圆缺口的另一端。如图 6 - 39 所示：

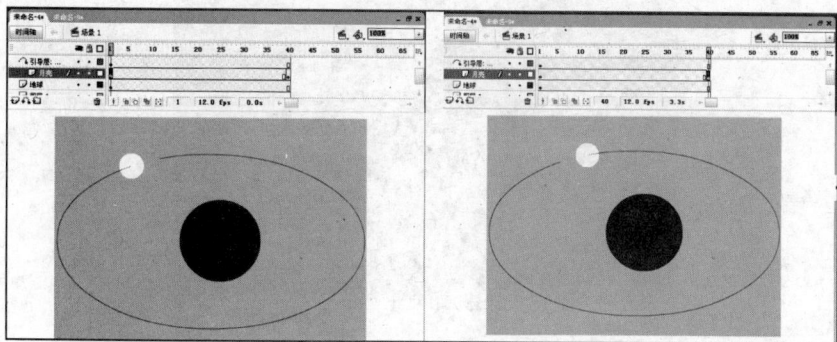

图 6 - 39 第 1 帧与第 40 帧

⑨在"月亮"图层的帧上点右键，创建补间动画。如图 6 - 40 所示：

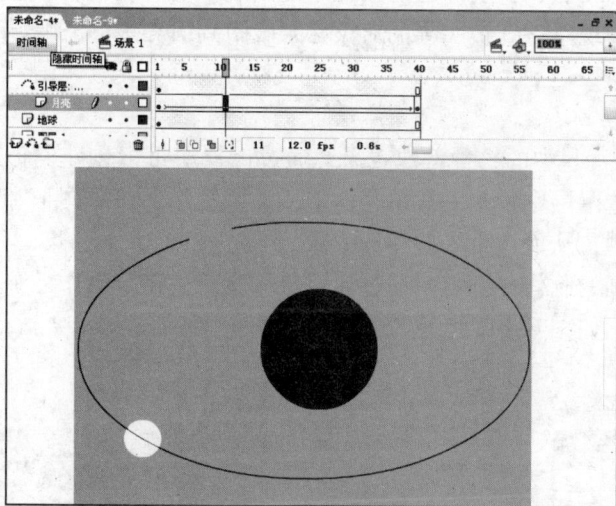

6 - 40 创建补间动画

⑩单击"控制"→"测试影片"或"Ctrl + Enter"对影片进行测试，效果如图 6 - 41 所示。

165

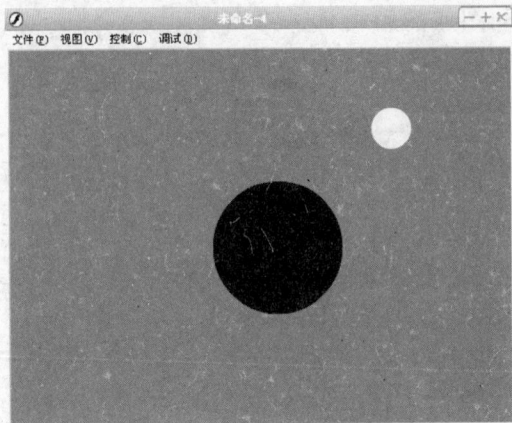

图 6 - 41　　"月亮绕着地球转动"预览

　　根据引导层动画的原理（引导层放置路径，引导下一层沿着路径运动），可制作出汽车沿着弯曲的山路前行、小鸟沿着指定的路径飞行等动画。制作引导层动画时需要注意几点：①引导层的路径不能出现中断的现象；②引导线中不能出现交叉或重叠的现象；③被引导的对象必须吸附到引导线的开始端和终点端，才能使对象沿着路径运动。

　　2. 遮罩层动画

　　遮罩层是 Flash 中的一种特殊效果，通过遮罩层可以创建类似探明灯的特殊动画效果。在遮罩层中绘制一般单色图形、渐变图形、线条图形和文字等，都会形成挖空的区域，从而产生一些特殊效果。

　　遮罩层动画的制作原理就是通过遮罩层来决定被遮罩层中的显示内容，以此出现动画效果，如图 6 - 42 所示。

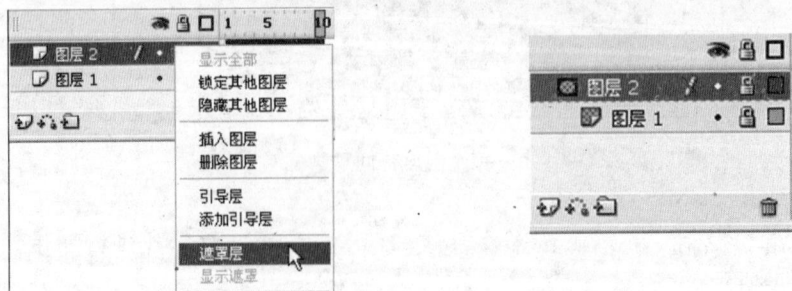

图 6 - 42　插入遮罩层　（"图层 2"是遮罩层，"图层 1"是被遮罩层）

【实例7】"透明灯效果"的制作。

①新建一个 Flash 文档。

②导入素材。执行"文件"→"导入"→"导入到舞台",选择一张图片素材并打开,并在第 30 帧处插入关键帧。

③在"时间轴"面板中,单击"插入图层"按钮 🗗,新建一个图层。

④使用工具箱中的椭圆工具,在新建图层所对应的舞台左侧绘制一个椭圆,并将椭圆转换为元件,如图 6 – 43 所示:

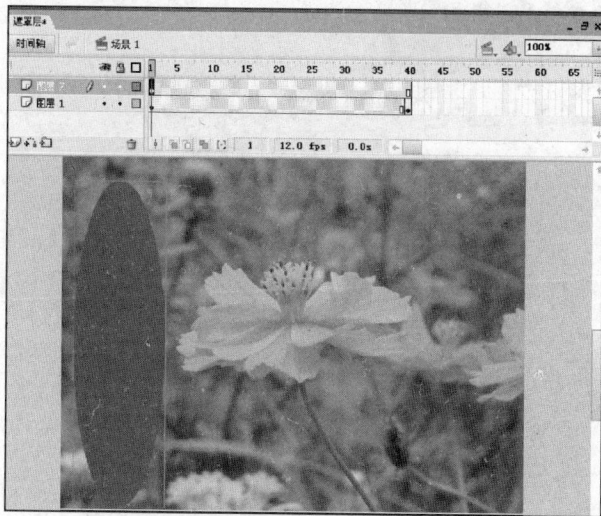

图 6 – 43   绘制椭圆并转换为元件

⑤在"图层 2"上的第 40 帧处插入关键帧并把椭圆移到右侧。

⑥在"图层 2"上的任意一帧处按右键,创建动作补间动画。

⑦在"时间轴"面板中,单击"图层 2"并按右键,在弹出的菜单中选择"遮罩层",创建遮罩效果(遮罩层的椭圆决定了被遮罩层中的显示内容,只显示了椭圆里的内容)。如图 6 – 44 所示:

图 6-44   创建遮罩效果

⑧测试影片。单击"控制"→"测试影片"或"Ctrl + Enter"对影片进行测试。如图 6-45 所示：

图 6-45   "透明灯效果"预览

6.5   导出动画

通过将 Flash 动画导出可以得到单独格式的 Flash 作品，以方便观赏。在优化并测试完动画的下载性能后，就可以通过导出动画或图像命令，把 Flash 动画导到其他应用程序中。导出的 Flash 动画主要包括导出动画文件和导出动画图像两部分。

6.5.1 导出动画文件

为了将 Flash 作品应用到更广泛的领域，需要导出 Flash 作品的动画文件。具体操作如下：

（1）打开需要导出的 Flash 动画。

（2）单击"文件"→"导出"→"导出动画"，打开"导出影片"对话框，如图 6－46 所示。

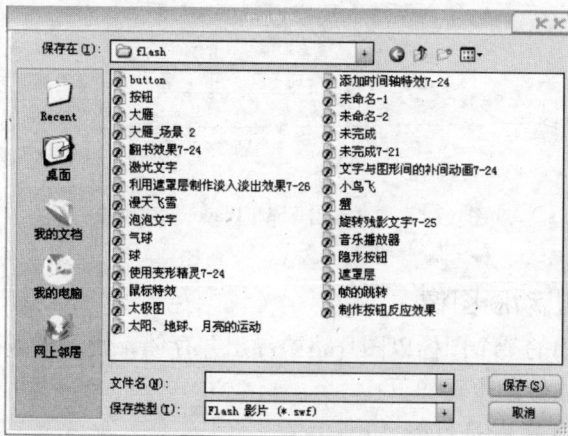

图 6－46 "导出影片"对话框

（3）在"保存在"下拉列表框中选择文件要导出的路径。

（4）在"文件名"下拉列表框中输入文件名称。

（5）在"保存类型"下拉列表框中选择保存类型，默认情况下为 .swf 格式。

（6）单击"保存"按钮，打开"导出 Flash Player"对话框，如图 6－47 所示。

（7）单击"导出 Flash Player"对话框中的"音频流"栏的"设置"按钮，打开"声音设置"对话框。

（8）在该对话框中对声音的导出参数进行设置。

（9）单击"确定"按钮，返回"导出 Flash Player"对话框。

（10）在"选项"中设置相应参数。

（11）单击"确定"按钮即可将该文件导出。

169

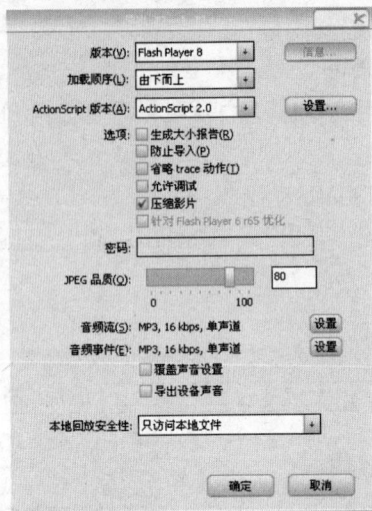

图 6-47 "导出 Flash Player"对话框

6.5.2 导出动画图像

可以将动画中的某个图像以图片格式导出并存储，使其成为制作其他动画的素材。导出动画图像的步骤如下：

（1）打开需要导出的 Flash 动画。

（2）在场景中选择需要导出的某个对象或帧。

（3）单击"文件"→"导出"→"导出图像"菜单项，打开"导出图像"对话框。如图 6-48 所示：

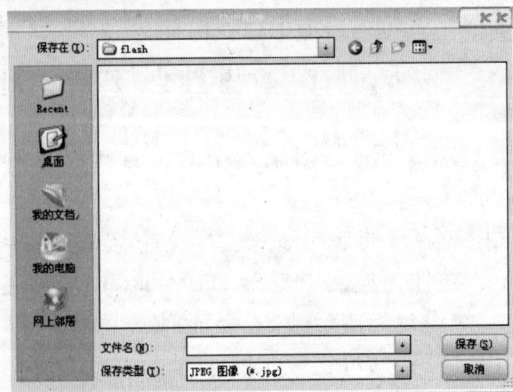

图 6-48 "导出图像"对话框

（4）在"保存在"下拉列表框中选择保存的位置。

（5）在"文件名"下拉列表框中输入文件的名称。

（6）在"保存类型"下拉列表框中选择导出文件的格式。

（7）单击"确定"按钮，根据选择的文件格式，将打开不同设置的对话框。例如，如果以.JPEG 格式导出图像，则打开"导出 JPEG"对话框，如图 6-49 所示：

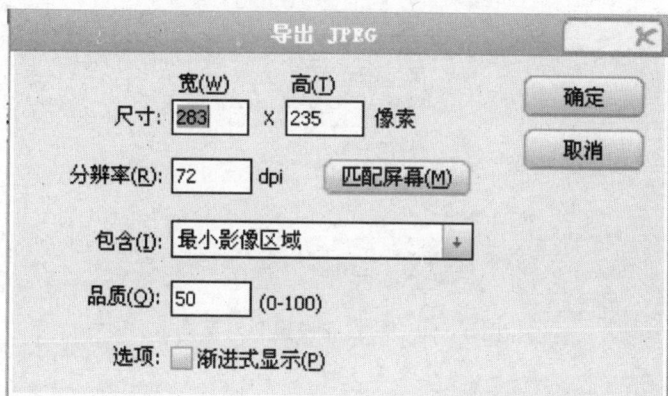

图 6-49　"导出 JPEG"对话框

（8）在此对话框中根据需要设置图像的导出参数。

（9）单击"确定"按钮即可完成图像的导出。

6.5.3　发布动画

用户可以通过 Flash 的发布命令将 Flash 动画发布到网络上，也可以通过该命令向没有安装 Flash 插件的浏览器发布各种各样的图像文件、视频文件以及可独立运行的小程序。动画的质量和大小完全依照发布 Flash 动画时的设置，因此在发布动画时需要设置发布格式及预览发布的动画格式。

（1）设置发布类型。

要发布 Flash 动画，首先需要对 Flash 动画进行发布设置。单击"文件"→"发布设置"菜单项，打开"发布设置"对话框，如图 6-50 所示。弹出此对话框时，默认打开"格式"选项卡，使用此选项卡可设置动画的发布类型，包括 Flash、HTML、gif 图像和 JPEG 图像等。选中某一类型的复选框，将显示相应类型的选项卡，取消选中某一类型的复选框，将关闭该类型的选项卡。

171

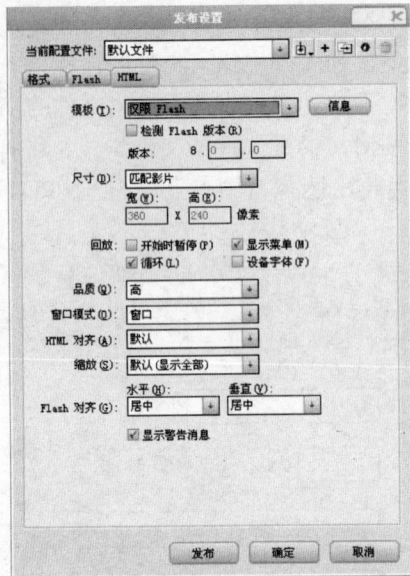

图 6-50 "发布设置"对话框

（2）设置 Flash 的发布格式。

单击"Flash"选项卡，打开"发布设置"对话框的"Flash"选项卡，使用此选项卡可对 Flash 动画的发布格式进行设置。

（3）设置 HTML 的发布格式。

单击"HTML"选项卡，打开"发布设置"对话框的"HTML"选项卡，使用此选项卡可对 HTML 网页的发布格式进行设置。

如果需要在 Web 浏览器中显示 Flash 动画，必须创建一个包含动画的 HTML 网页文件，使用此选项卡可自动生成相应的 HTML 网页文件。

（4）设置 gif 图像的发布格式。

如果在"格式"选项卡中选中"gif"复选框，则"发布设置"对话框中将增加"gif"选项卡。使用此选项卡可对 gif 图像的发布格式进行设置。

【思考题】

1. 关于动画的制作途径，除了本章中所说的这些，你还知道哪些？

2. 动画制作的一般步骤是什么？

3. Flash 动画具有哪些特点，其最明显的优势是什么？

4. Flash 动画的三种类型：逐帧动画、动作补间动画与形状补间动画，这三种类型之间的主要区别是什么?

5. 为什么说元件和库在 Flash 中非常重要?

6. Flash 中,除了本章中所说的引导层动画和遮罩层动画,你还知道哪些类型的特殊动画? 试举例说明。

【实训题】

1. 上网下载并安装 Gif Animator 工具软件,熟悉简单的 gif 动画制作方法。

2. 利用形状补间动画的原理(分别在开始帧和结束帧设置两个不同的形状),制作"欢迎光临"字样的变化,动画效果如下:

提示:进行文字的变形要注意先打散文字(打散:使文字变成图形),具体方法是选中字样,按"Ctrl + B"键将其打散,若是两个字以上,须再次按"Ctrl + B"键将其打散,如图:

将文字打散变成图形后,再进行之后的操作,设置前后两个关键帧,创建补间。

3. 利用逐帧动画的原理(一帧一帧地添加关键帧),制作"倒计时",动画效果如下:

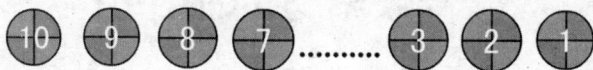

提示:

(1)先画一个圆作底图,并锁住;

(2)第 1 帧写"10",第 2 帧写"9",依此类推。

THE TECHNOLOGY AND CREATION OF MULTIMEDIA

The Production
of Audio
Material

第 7 章

音频素材的制作

本章在简要介绍了音频素材制作途径的基础上，先简要
介绍了 Windows 系统中"录音机"工具软件的基本使
用方法，继而重点讲解了专业化数字音频处理软件
Sound Forge 的基本使用。

【本章学习要点】

音频是多媒体素材的基本类型之一，也是多媒体技术的重要特征之一。音频的主要表现形式是语音、自然声和音乐。在多媒体软件中，适当地运用音频能起到文字、图像、动画等媒体形式无法替代的作用，如增强作品的表现效果，调节软件使用者的情绪，引起使用者的注意等。当然，音频作为一种信息载体，其更主要的作用是直接、清晰地表达语意。此外，它也是表达作者思想和情感的一种必不可少的手段，自从有了它，计算机世界才变得如此丰富多彩。

要进行音频素材的编辑与处理，读者首先需要了解常用的音频素材的制作途径，在此基础上，要熟练掌握 Sound Forge 等专业化数字音频处理软件编辑与处理的操作方法。其他要指出的是，正如第 6 章 Flash 动画制作学习要点中所说的，好的音频制作效果，并不完全依赖于你用什么工具，而是依赖于你对声音专业知识的掌握程度。因此，建议读者平时多花时间去了解这方面的相关知识。

【本章内容结构】

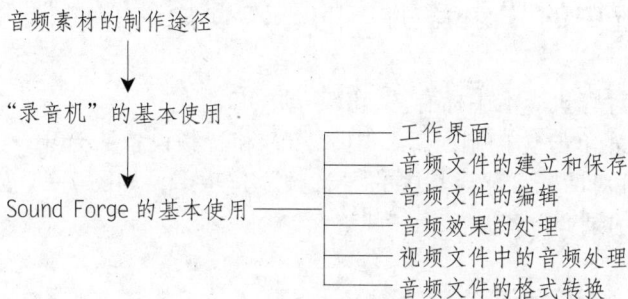

音频素材的制作途径

↓

"录音机" 的基本使用

↓

Sound Forge 的基本使用 ——— 工作界面
——— 音频文件的建立和保存
——— 音频文件的编辑
——— 音频效果的处理
——— 视频文件中的音频处理
——— 音频文件的格式转换

175

7.1 音频素材的制作途径

多媒体软件中音频素材的制作途径主要有以下几种：

（1）利用一些软件光盘中提供的音频文件。例如，一些声卡产品的配套光盘中往往提供了许多 WAV 或 MIDI 格式的音频文件。

（2）通过计算机中的声卡，从麦克风中采集语音生成音频文件。制作多媒体软件中的解说语音就可采用这种方法。

（3）通过计算机中声卡的 MIDI 接口，从带 MIDI 输出的乐器中采集音乐，以形成 MIDI 文件；或用连接在计算机上的 MIDI 键盘创作音乐，以形成 MIDI 文件。

（4）使用专门的软件抓取 CD 或 VCD 光盘中的音乐，生成声源素材。再利用音频编辑软件对声源素材进行剪辑、合成，最终生成所需的音频文件。

（5）利用音频转换软件进行格式转换制作。由于多媒体开发工具对音频格式的支持情况存在差异，为了得到符合要求的格式，常利用一些转换工具进行转换。

7.2 Windows 系统中的"录音机"的基本使用

（1）将麦克风插入计算机声卡中标有"MIC"的接口上。

（2）设置录音属性。单击"控制面板"中"声音和音频设备"选项，打开"声音和音频设备"属性对话框，选择其中的"音频"选项卡，如图 7-1 所示。在录音一栏中选择相应的录音设备。

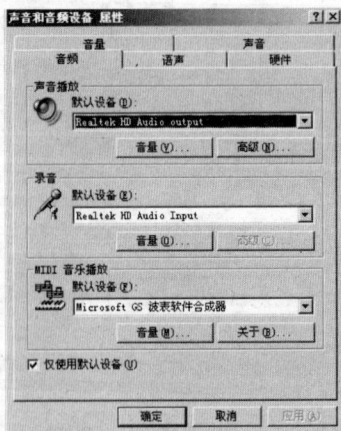

图 7-1　设置录音属性

（3）决定录音的通道。声卡提供了多路音频输入通道，录音前必须正确选择。方法是双击桌面右下角状态栏中的喇叭图标，打开"音量控制"，选择"选项"→"属性"菜单，在"调节音量"框内选择"录音"，如图 7 - 2 所示。然后选中要使用的录音设备。

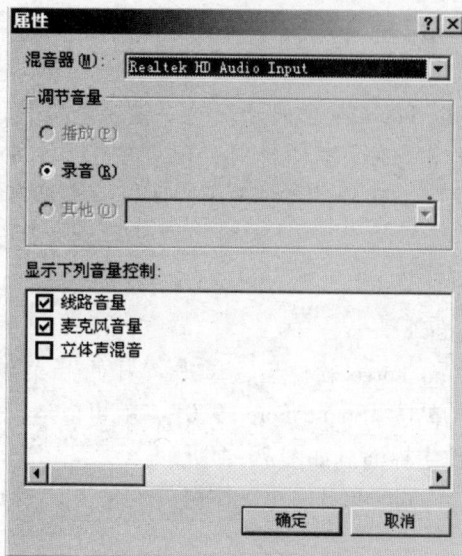

图 7 - 2 选择录音设备

（4）录音。从"开始"菜单中运行录音机程序，如图 7 - 3 所示。单击红色的录音键就开始录音了。录音完成后，按停止按钮，并选择"文件"菜单中的"保存"命令，将文件命名后保存。

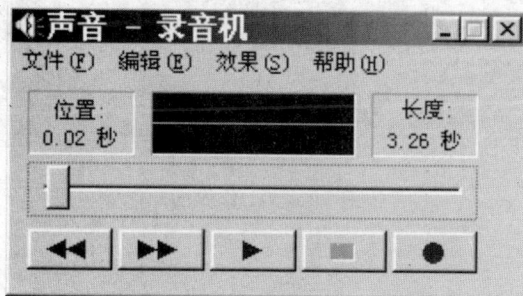

图 7 - 3 运行录音机程序

在"另存为"对话框中单击"更改……"按钮，出现选择音频格式的对话框，可从中选择合适的音频品质，点击"格式"是选择不同的编码方法。

Windows 所带的"录音机"小巧易用，但是录音的最长时间只有60 s，并且对音频的编辑功能也十分有限，因此在音频的制作过程中不能发挥太大的作用。

7.3　Sound Forge 的基本使用

Sound Forge 是 Sonic Foundry 公司开发的一款功能极其强大的专业化数字音频处理软件。它能够非常方便、直观地对音频文件进行各种处理，满足从最普通用户到最专业录音师的所有用户的各种要求，所以一直是多媒体软件开发人员首选的音频处理软件之一。

7.3.1　工作界面

在成功安装了 Sound Forge 软件后，单击"开始"菜单中的"所有程序"，选择"Sound Forge"，单击"Sound Forge 9.0"，就可以运行这个软件了。启动画面过后，就进入了工作主界面。如图7-4所示。

Sound Forge 9.0 允许同时打开多个工作窗口，对多个音频文件进行处理加工。

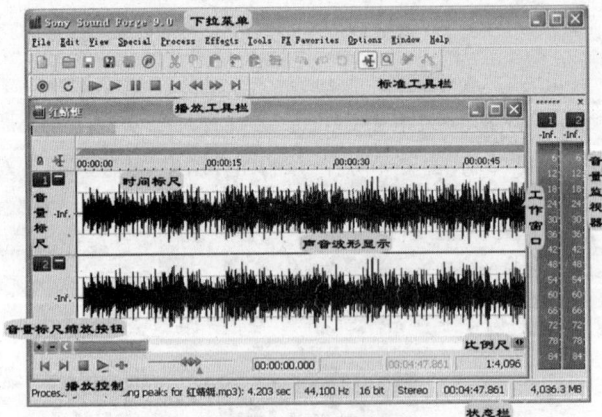

图7-4　工作界面

1. 标题条

把一个波形编辑窗激活并最大化显示的时候，此处就会显示这个波形的文件名称。(如果看到该名称后有一个"＊"标记，则说明该波形已经被改变。)

2. 音频波形显示区

这是工作窗口最主要的部分，放置着当前音频文件的波形。播放窗口中有一条闪动的竖线，表示当前播放点的时间位置，具体数值可以从窗口下方的状态栏中读出。窗口中间的横线表示波形的中心，也就是音频最小点，上方和下方的两条线表示计算机最大允许音量的一半。

3. 音量监视器

这是一个浮动的窗体，播放音频文件的时候，音量监视器会显示音频的音量变化，彩条顶端的两个数值表示的是正在播放过程中的最大音量值。如果这个数值标记为"Inf"，表示静音；如果变成了红色，并显示"Clip"，则表示音量太大了，已经超出了计算机所能识别的范围，如图 7－5 所示。

4. 音量标尺

音量标尺用于显示音频波形振幅的大小。音频波形的振幅决定了音频音量的大小。在 Sound Forge 中，音量的度量可以用分贝和百分比表示。在音量标尺中单击鼠标右键，在弹出的菜单中有两个选项"Label in Percent"（用百分比显示）和"Label in dB"（用分贝值显示），操作时可根据需要切换。如图 7－6 所示。

当音量以分贝表示时，计算机所能识别的最大音量为 0 dB，也就是音量标尺的最外侧为 0 分贝，向内依次减少。当以百分比来表示音量时，音量的最大值设定为 100%，最小值设置为 0%。单击音量标尺的两个缩放按钮 ➕ ➖，可以放大或缩小标尺。

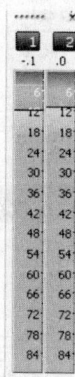

图 7－5　音量监视器

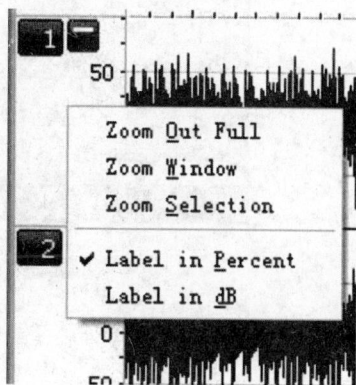

图 7－6　音量度量设置

179

5. 播放控制按钮

主播放工具条上有 9 个键，从左到右依次为："录音"按钮 ⊙ 、"循环播放"按钮 ↻ 、"完整播放"按钮 ▷ 、"播放"按钮 ▶ 、"暂停"按钮 ❚❚ 、"停止"按钮 ■ 、"到开头"按钮 ◄ 、"快退"按钮 ◄◄ 、"快进"按钮 ►►和"到结尾"按钮 ►◀ 。

6. 状态栏

位于 Sound Forge 窗口的最下端，主要显示当前工作窗口内音频文件的参数（采样频率、采样位数、立体声 Stereo/单声道 Mono、音频总长度和硬盘缓冲区可用的交换空间）。

7.3.2 音频文件的建立与保存

1. 音频文件的建立

（1）选择"File"→"New"命令或者使用"Ctrl + N"快捷菜单命令，弹出如图 7 -7 所示的参数设置对话框。

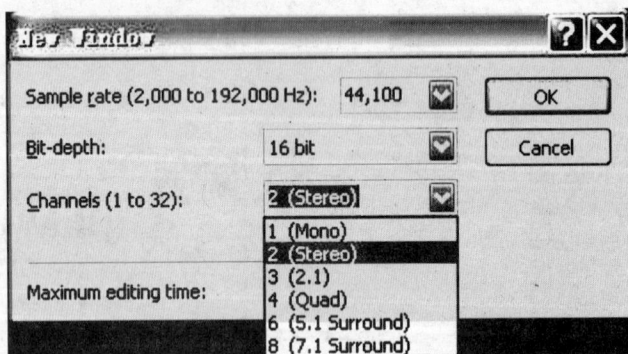

图 7 -7　新建文件的参数设置对话框

（2）在该对话框中设置好 Sample rate（采样频率）、Bit - depth（采样位数）和 Channels（声道）参数，单击"OK"确定，就创建好了一个新的音频文件。其效果如图 7 -8 所示。

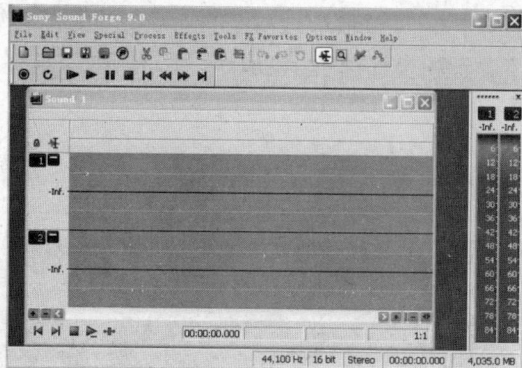

图 7 - 8　创建新的文件窗口

2. 音频文件的保存

选择"File"→"Save"命令或者使用"Ctrl + S"快捷菜单命令，就可以保存起来了。

7.3.3　音频文件的编辑

Sound Forge 9.0 最基本的功能就是音频编辑功能，主要包括音频的剪切、复制、粘贴和混音等。

1. 音频的选择

如何选定音频中的某一段呢？在文件的起始帧单击鼠标左键，然后向右侧拖动，就可以选定音频片段了，这时，被选中的部分变成黑色，如图 7 - 9 所示。

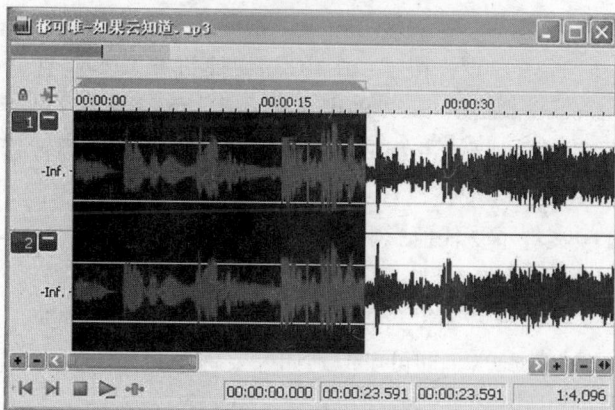

图 7 - 9　选择部分音频文件

如果文件中没有做标记（Marker），在工作区双击鼠标左键或按"Ctrl + A"组合键，就可以将整个音频全部选中，如图7－10所示。

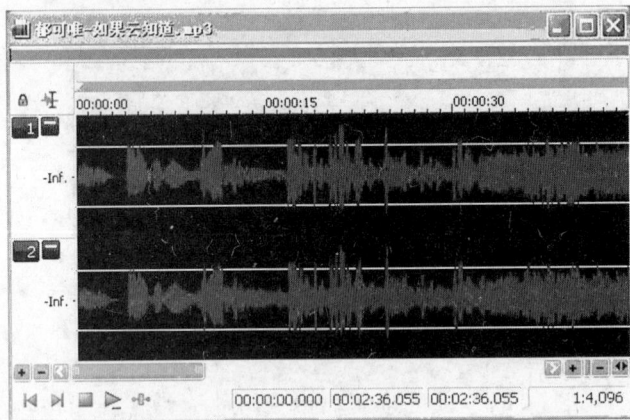

图7－10　选中全部音频文件

2. 音频的剪切、复制和粘贴

Sound Forge音频编辑软件与许多其他的编辑软件一样，"Ctrl + X"或选择"Edit"→"Cut"可以将选定的部分剪切到剪贴板；"Ctrl + C"或选择"Edit"→"Copy"可以将选定的片段复制到剪贴板；"Ctrl + V"或选择"Edit"→"Paste"可以将剪贴板上存储的音频片段粘贴到当前光标的位置。要注意的是，当我们执行"粘贴"操作时，剪贴板上的音频格式应该和目标文件的音频格式相同。

还有一种较常用的特殊粘贴方式——"粘贴为新文件"（Paste to New）。比如：我们选定一段音乐片段，按"Ctrl + C"快捷键将其复制到剪贴板，然后选择"Edit"→"Paste Special"→"Paste to New"，就完成了这个操作，这时便生成了一个新的音频文件。还有一种方法可以快速将选定的音频转移到一个新的文件中去，只要用鼠标左键按住已经选定的区域，将之拖到工作台面的空白处即可，而原来的音频文件不受任何影响。

3. 音频的删除

如果想删除某一部分音频，只需将其选定，然后按"Delete"键，或者选择"Edit"→"Delete（Clear）"即可。但是如果要保留选定的部分，而将其他部分删除的话，可用"Edit"→"Trim/Crop"菜单命令。

7.3.4　音频效果的处理

1. 音频文件属性的改变

音频文件的属性包括三个参数：采样频率、采样位数和声道数（立体声或单声道）。在应用中我们常常要改变这三个参数。比如，我们要将一个用 16 位采样的立体声文件转变为 8 位采样的单声道文件，以节约硬盘空间，因此，在保存文件时，需对音频文件的参数进行设置。如图 7 - 11 所示。

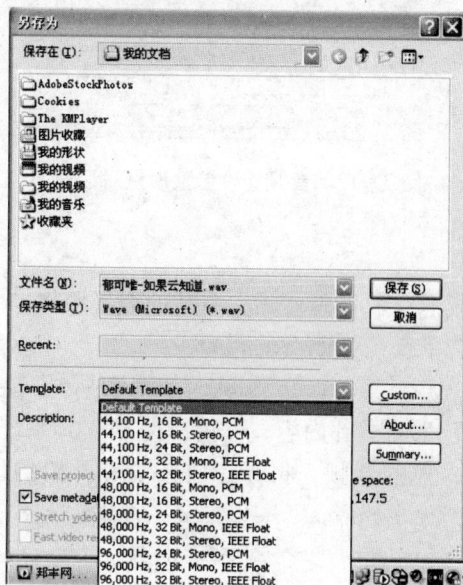

图 7 - 11　音频文件保存对话框

除了上述的方法可以改变采样位数和声道外，我们还可以在 Sound Forge 9.0 软件的状态栏 44,100 Hz | 16 bit | Stereo | 00:02:36.055 中，双击鼠标，弹出如图 7 - 12 所示的音频文件参数设置对话框。

在该参数设置对话框中，选择 "Sample rate"、"Bit - depth" 和 "Channels" 三个选项框，对音频的采样频率、采样位数和声道数进行设置。

183

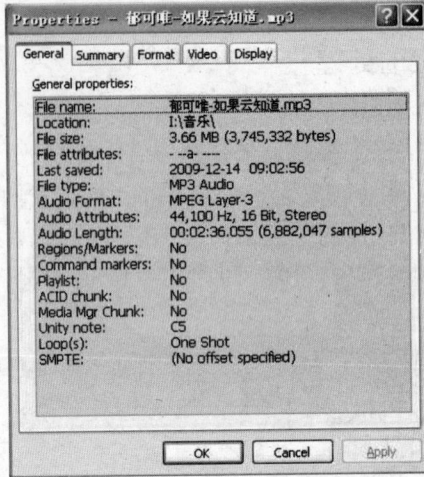

图 7 - 12　音频文件参数设置对话框

2. 混音

混音是将两段音频混合成一段音频。单纯的混音操作是十分简单的。下面我们准备制作一个带有背景音乐的朗读的音频。

（1）先打开两段音频，第一段是人声，第二段是背景音乐。

（2）选中第二段音乐的全部内容，然后"复制"到系统的剪贴板上。

（3）选中第一段人声的音频，将光标放在混音开始的位置，比如音乐的开头。选择"Edit"→"Paste Special"→"Mix"，弹出如图 7 - 13 所示混音处理参数对话框。

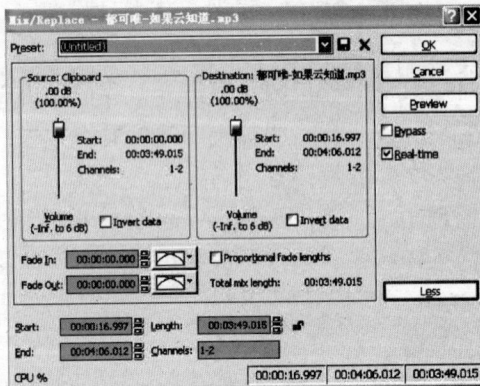

图 7 - 13　混音处理参数对话框

（4）如图 7 - 13 所示，可调节的是混音两部分的音量。左侧这个滑块表示混音过程中剪贴板上的音频放大或缩小的幅度，右侧这个滑块表示混音过程中目标文件音频放大或缩小的幅度。如果我们既不放大也不缩小两段音乐的音量，就把它们都确定为 0。现在点 "OK" 按钮确定就可以了。

3. 声道的转换

使用该软件，可以非常自由地对立体声音频文件中两个声道的内容进行操作，其中最简单的就是将左右声道的内容对调。在一个音频文件波形显示窗口中，选中一段音频后，选择菜单工具栏的 "Process" → "Channel Converter"，弹出如图 7 - 14 所示对话框。

在参数设置对话框中，我们在 "Output channels" 中选择 "Mono" 和 "Stereo" 命令，就实现了声道的转换。在 "New left channel" 中移动小滑块，可以获得很多有趣的效果，读者可以自己试一试。

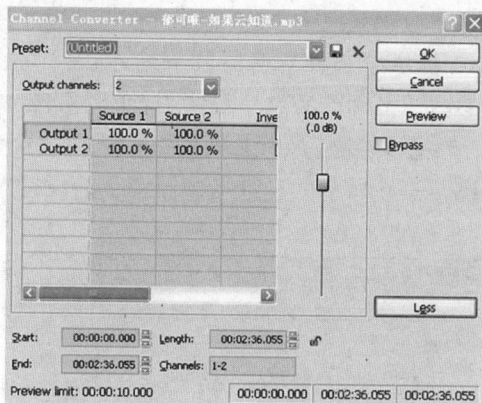

图 7 - 14　声道转换参数设置对话框

4. 自动电平矫正

当现有的音频文件中已经存在零点漂移时，我们就得使用这个功能了。所谓零点漂移，是指当放大器的输入端短路时，在输入端有不规律的、变化缓慢的电压产生。要消除此现象，可选择 "Process" → "DC Offset"（消除直流偏移），弹出如图 7 - 15 所示的 "DC Offset" 参数设置对话框。

185

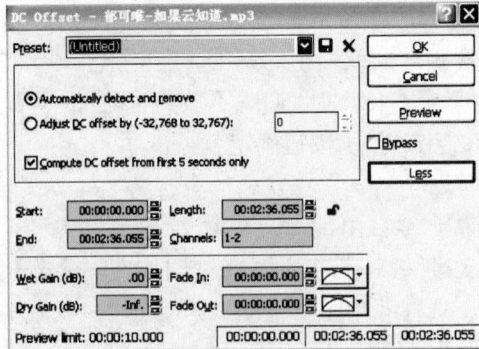

图 7 – 15   DC Offset 参数设置对话框

在该参数对话框中，一般情况下选中"Automatically detect and remove"，计算机就会自动计算并消除音频中的零点漂移。

5. 均衡器的调节

在 Sound Forge 中，提供了三种均衡器调节的方式：图形化调节、分段调节和参数调节。其中，参数调节即能满足一般使用者的大部分要求。具体操作过程如下：选定要进行操作的音频片段后，选择"Process"→"EQ"→"Parametic"，弹出如图 7 – 16 所示的参数均衡器调节的设置对话框。

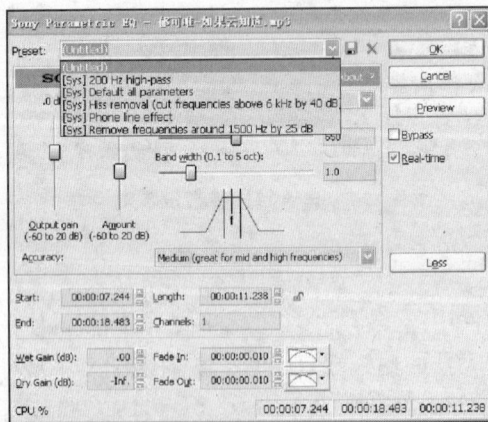

图 7 – 16   参数均衡器调节的设置对话框

该软件为我们预先提供了 5 种设定好的处理模式：200 Hz high – pass（200 Hz 高通）、Default all parameters（默认参数）、Hiss removal（去除高频噪声）、

Phone line effect（电话效果）、Remove frequencies（移动频率），我们可以直接从"Preset"下拉框中选用。

6. 音频的淡化处理

音频的淡化是录音师们经常使用的一种音频处理方法，主要目的是使音频的音量能平滑地过渡。比如我们经常听到电视或广播中的音乐从没有声音到音量逐渐变大的效果，或音量逐渐变小，直到消失的效果，这些音量的变化效果都是经过此项处理的结果。常见的音频淡化处理形式包括两种：淡入和淡出。

在音频波形显示区域中选择一段音频文件，选择菜单中的"Process"→"Fade"→"In"，可以实现音频的淡入，即音量由小很平滑地慢慢变大；选择菜单中的"Process"→"Fade"→"Out"，可以实现音频的淡出，即音量由大很平滑地慢慢变小。

如果你要精确地控制音频变化的幅度和过程，则应该选择菜单工具栏中的"Process"→"Fade"→"Graphic"（图形化方式）选项，弹出如图 7 - 17 所示的 Graphic 参数设置对话框，就可以非常直观而细致地调节音频淡化的过程了。

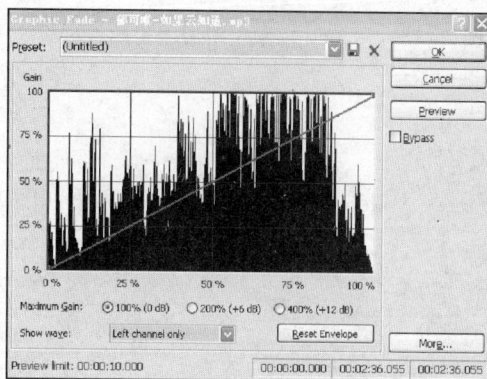

图 7 - 17　Graphic 参数设置对话框

该参数设置对话框的 Gain 波形显示框为淡化过程控制区，横坐标表示播放的时间，纵坐标表示音量的变化率。Sound Forge 为我们预设了几种不同的音频淡化模式，都在"Preset"列表的下拉菜单中。比如：选择" - 20dB exponential fade out"的淡化模式，弹出如图 7 - 18 所示的对话框。这种操作可以自由地控制音量随时间的变化过程。在音量变化过程曲线上，往往有若干个小方框，它们称为关键点，而且关键点的音量可以由用户来设定，而两个关键点之间则是平滑过渡的。添加或删除关键点都需要先用鼠标选中，但要注意的是，系统将音频的

开头和结尾都定义成了关键点，而且不可以删除。当鼠标指针在控制区移动时，
控制面板右上角会显示出鼠标位置处的音量值和时间位置。

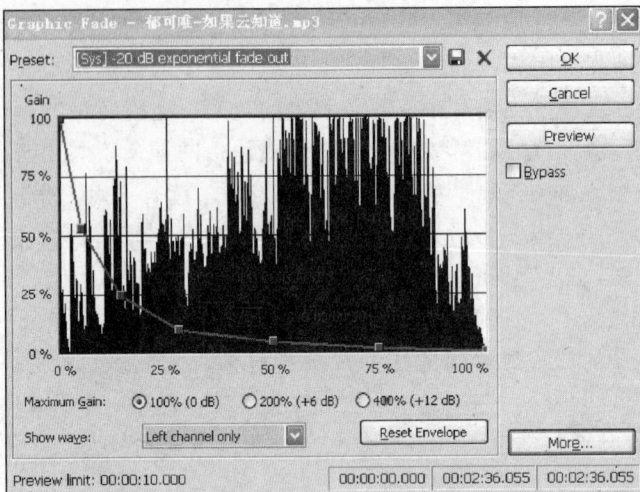

图 7 – 18　– 20dB 指数型淡出模式显示对话框

7. 静音的效果

当需要在音频文件的某一个位置加入一段没有音频的部分时，选择
"Process" → "Insert" → "Silence"（加入静音），弹出如图 7 – 19 的对话框。

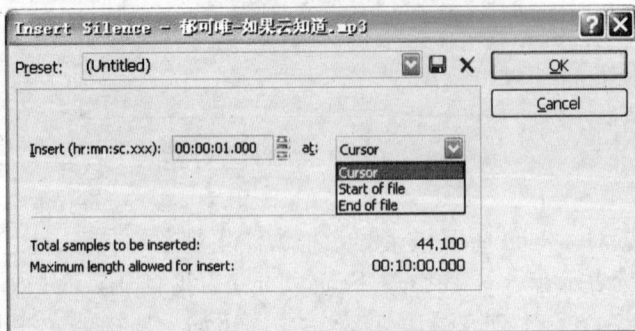

图 7 – 19　静音参数设置对话框

在该参数设置对话框中，"Insert" 表示要加入的静音长度，并且指明静音所
加入的时间点。"Cursor" 表示当前光标所在的位置，"Start of file" 表示在音频

188

的开头，"End of file"表示在文件的结尾。比如，我们在光标的位置加入一段长 2.5 s 的静音，应在"Insert"栏中输入 2.5，并选定"Cursor"，再单击"OK"按钮确定。如果我们想把文件中的某一段时间变得没有音频，应在选定音频片段之后，选择菜单工具栏中"Process"→"Mute"（静音）菜单命令，就可以把这段时间的音频变成静音了。

8. 音量的规范化

这是一个十分有用的功能。有时候我们希望整个文件的音量是统一的，能够尽可能地放大，但又不会超出系统所限定的范围，音量规范化就可以自动地做到这一点。选择菜单"Process"→"Normalize"，弹出如图 7-20 所示的 Normalize（规范）参数对话框，在其中按照要求进行设置即可。

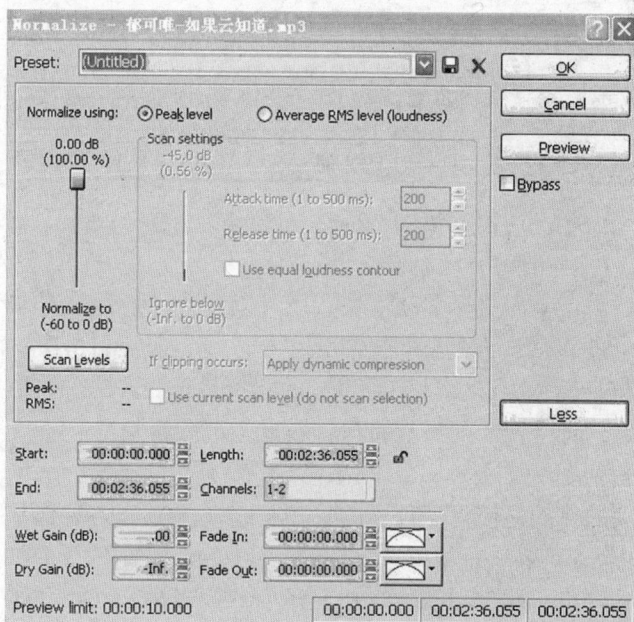

图 7-20　Normalize（规范）参数对话框

9. 音频倒放

在 Sound Forge 中，可以将音频信号从后向前播放，这会产生意想不到的特殊效果，十分有趣。操作非常简单，打开一个音频文件或选中音频文件中的一段后，选择菜单"Process"→"Reverse"就可以了。

10. 音量的调节

调节音量是经常要用到的编辑操作。在 Sound Forge 中选择"Process"→
"Volume"，弹出如图 7 - 21 所示的 Volume 参数设置对话框。

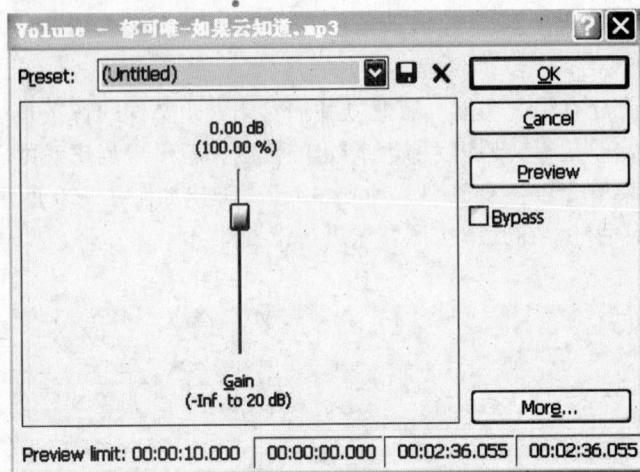

图 7 - 21　Volume 参数设置对话框

在音量调节窗口中用鼠标移动滑块，就可以调整音频音量的大小了，音量范
围为 0 ~ 20 dB。在滑块上方的标尺上单击鼠标左键，每点击一次，滑块所示音量
增加 1 dB。设好后播放音频文件，看音频的音量是否变大了。如果音频文件中只
有一部分被选定，音量调节的操作将只针对这一部分音频。

11. 加入合唱效果

选用该选项的目的是使得处理后的音频听起来仿佛是从多个声源发出来的一
样。选择菜单中"Effect"→"Chorus"（合唱），弹出如图 7 - 22 的对话框。在
该参数对话框的"Preset"下拉菜单中有各种合唱的效果。读者可以逐一试试。

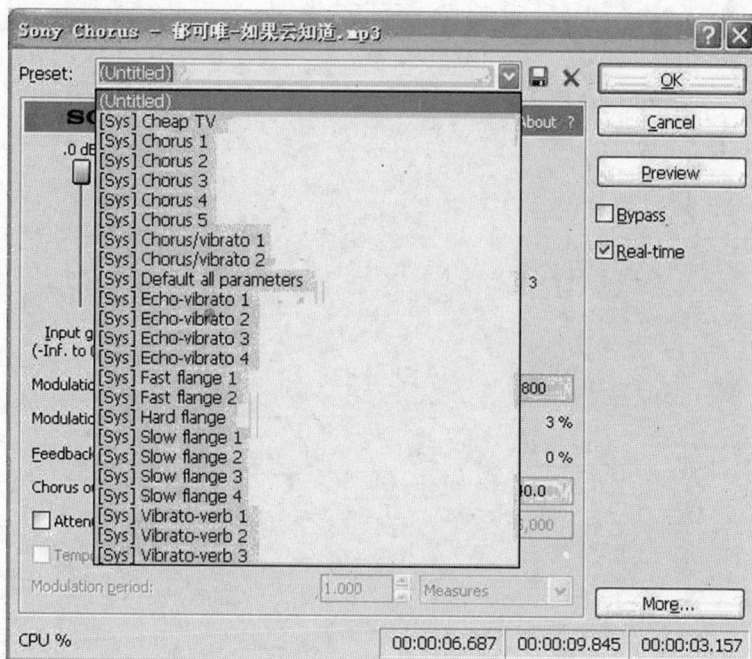

图 7 – 22　Chorus 参数设置对话框

12. 延音、回音效果

选用这种效果的目的是在已有的音频基础上，加上一个或几个经过延迟的衰减信号，使音频听起来更具有自然界的真实感。Sound Forge 提供了两种类型的处理方式——"Multi – Tap Delay"（多拍延迟处理）和"Simple Delay/Echo"（简略的延音/回音处理）。它们都可以从"Effect"中的"Delay/Echo"选项中找到，其参数设置如图 7 – 23 和图 7 – 24 所示。作为一般使用者，我们选择系统的处理模式就可以了。

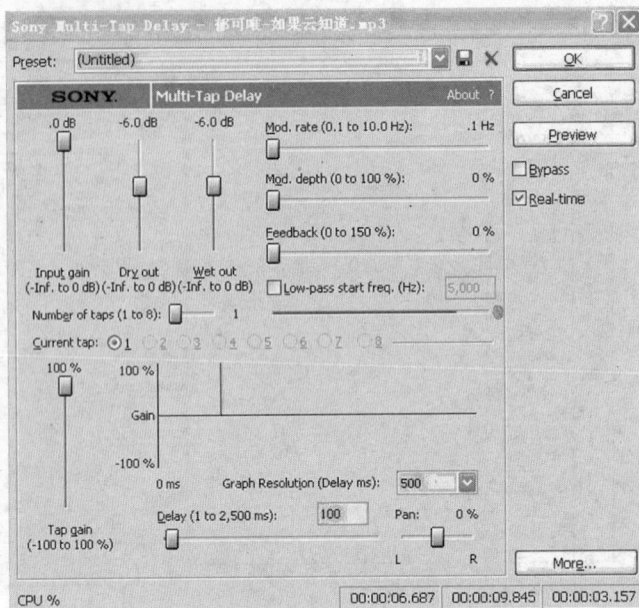

图 7-23 多拍延迟处理的参数设置对话框

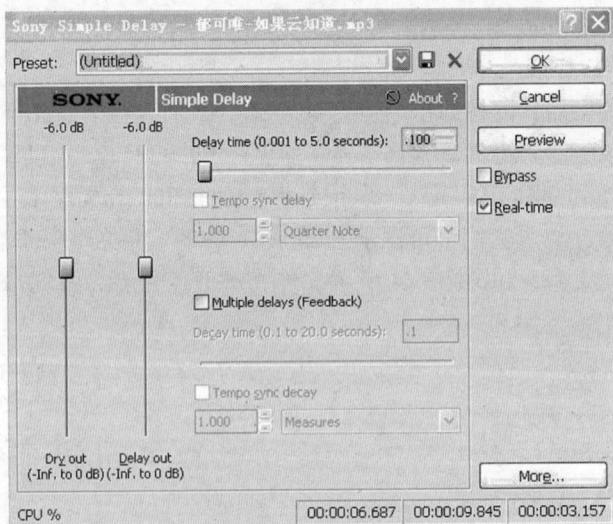

图 7-24 延音/回音处理的参数设置对话框

13. 去除噪声

在录音过程中，难免会将一些噪声录到文件中，那怎样去除噪声呢？选择菜单"Effect"→"Noise Gate"，弹出如图 7 – 25 所示的去除噪声参数设置对话框。

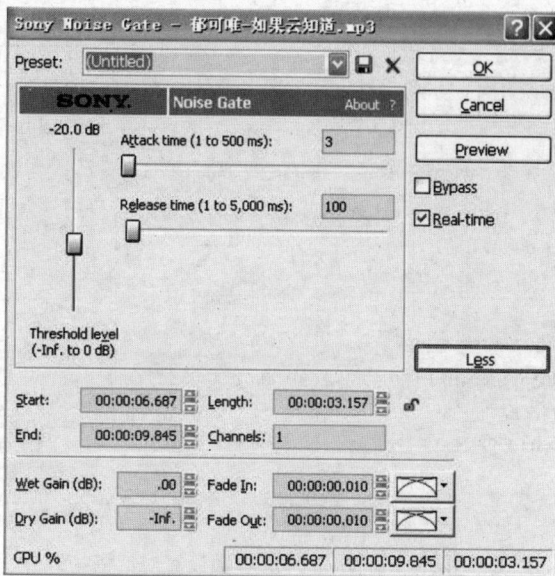

图 7 – 25 去除噪声参数设置对话框

竖的滑块表示噪声的门槛音量，也就是说，在处理过程中，系统遇到滑块所示音量以下的音频信号，就认为是噪声。门槛音量越高，去除噪声的效果就越好，但是对原来音频的损伤也就越大。"Attack time"数值称为"触发时间"，表示大于噪声的音量可持续的最短时间。这里的数值是 3ms，也就是说，当音频的音量超过噪声门槛音量并维持 3ms 以上的时间时，系统便不认为这是噪声了。"Release time"的数值称为"释放时间"，表示被系统确认为噪声的最短时间。这里的数值是 100ms，表示只有音频的音量低于噪声门槛且持续时间超过 100ms 时，才被认为是噪声而加以去除。

14. 音调的调节

在 Sound Forge 中，有一种音调调节的操作，这个操作非常有意思，它可以让音乐的音调任意降低或升高，也可以把人说话的音频改变。比如我们要把一段音乐的音调调低一点，可以这样操作：选择菜单的"Effect"→"Pitch"→"Shift"，弹出如图 7 – 26 所示的 Pitch Shift 参数设置对话框。

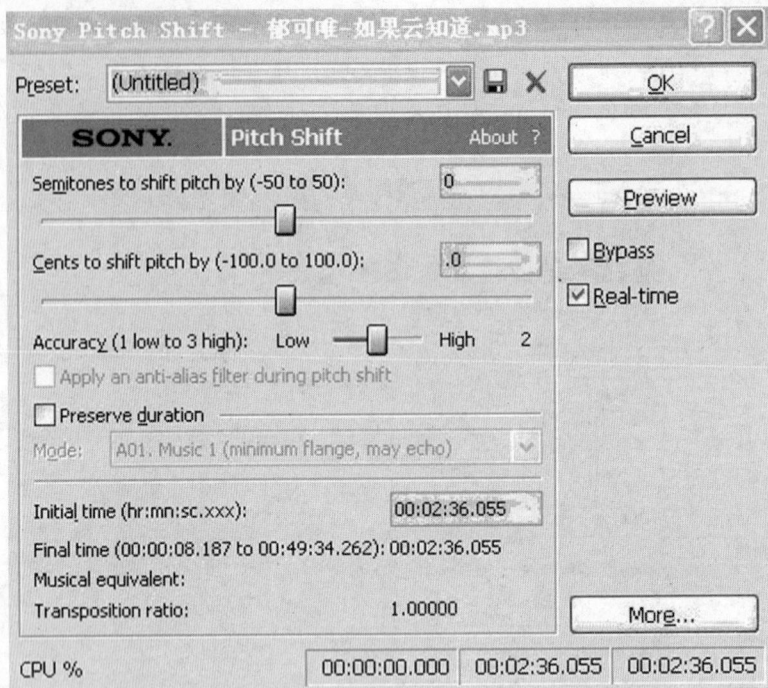

图 7-26 Pitch Shift 参数设置对话框

在这个输入框的"Semitones to shift pitch by"中调入音调改变的程度，输入的数字表示音调改变的半音数，正的数值表示音调上升，负的数值表示音调下降。现在我们在这个框中输入"-2"，表示让音调降低两个半音。单击"OK"按钮确定，听一听音乐的效果，毫无疑问音乐的音调降低了。人声的音频也可以这样处理，比如一个男声的音频文件，我们把音调升高 4 个半音，则听起来感觉像一个女声。有一点要注意，在改变音调的同时，音频的长度不可避免地会变化，音调升高时音频的长度会变短，音调降低时音频的长度会被自动加长。

7.3.5 视频文件中的音频处理

Sound Forge 还允许用户对视频文件（AVI 文件）中的音频进行编辑操作，以达到视频部分和音频部分的完美配合。我们可以像打开音频文件一样打开视频文件。下面就来简单介绍从视频文件提取音频文件的操作步骤。

（1）打开 Sound Forge 编辑软件。

（2）在 Sound Forge 软件中导入一个视频文件，在波形显示窗口中，显示内容如图 7 - 27 所示，上半部分是视频部分，下半部分是音频部分。

（3）选择菜单"File"→"Save As"命令选项或者单击 [?] 按钮，弹出如图 7 - 28 所示的"另存为"参数设置对话框。在该参数对话框的保存类型中选择"Wave（Microsoft）（＊.wav）"文件类型。

（4）单击 **保存(S)** 按钮，则该文件的音频部分就从文件中提取出来了。

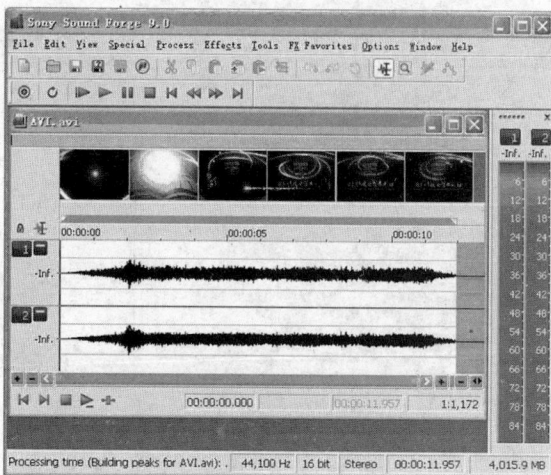

图 7 - 27　打开视频文件的显示窗口

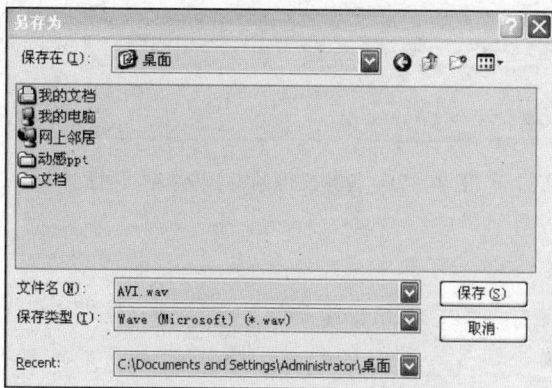

图 7 - 28　"另存为"参数设置对话框

195

7.3.6 音频文件的格式转换

最简单的格式转换方式就是存盘时，在弹出的文件保存对话框中选择所需的音频格式，如图 7 - 29 所示。

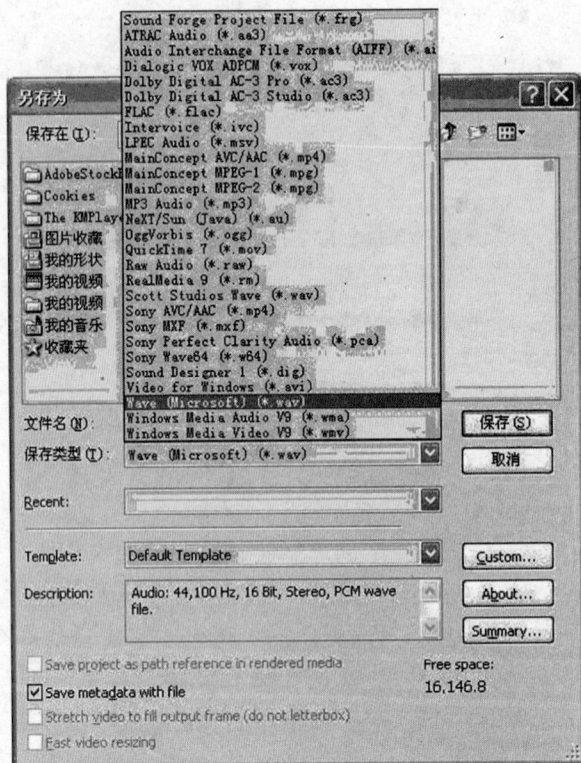

图 7 - 29 音频文件的格式转换对话框

【思考题】

1. 关于音频素材的制作途径，除了本章中所说的这些，你还知道哪些？

2. 参照上章动画素材的制作步骤，试自行总结出音频素材制作的一般步骤。

3. 除了使用 Windows 系统中的"录音机"工具软件快速录音获取声音素材外，你还知道哪些常用的录音工具软件？试举例说明。

4. 为什么在多媒体软件创作中，要经常进行音频文件格式的转换？

【实训题】

1. 上网下载并安装 Gold Wave 工具软件，熟悉其各种声音编辑的步骤与方法，并与本章介绍的 Sound Forge 工具软件进行对比，从而加深对声音制作的理解。

2. 上网下载并安装一款音频转换工具软件，进一步熟悉各种常用音频文件格式的转换操作。

THE TECHNOLOGY AND CREATION OF MULTIMEDIA

The Production of Video Material

第 8 章

视频素材的制作

本章在简要介绍视频素材制作途径的基础上，先简要介绍了超级解霸的基本操作知识，接着重点讲解了专业化数字视频处理软件 Premiere 的基本使用方法。

【本章学习要点】

视频是进行多媒体创作时的重要素材之一，在多媒体软件中占有非常重要的地位。因为它本身就可以由文本、图形图像、声音、动画中的一种或几种组合而成。利用其声音与画面同步和表现力强的特点，能大大提高多媒体软件的直观性和形象性。视频是由现实世界捕获的连续变化的影像和伴随画面所捕获的音频的总称，其中伴随画面所捕获的音频通常称为伴音。视频是多媒体技术中最复杂的处理对象，包含电影、电视和摄像资料等多种信息类型。实际上，视频和动画在原理上是相同的。数字视频可以由模拟视频数字化得到，可以由计算机视频捕获得到，也可以直接来自数字视频源。无论何种方法得到的数字视频信息，最终在计算机上都必须以视频文件的格式存放、加工和处理，然后才能够在多媒体作品中作为素材使用。

视频和动画在原理上是相同的，且视频中经常包含音频，再加上视频本身也是一种基本的多媒体素材，因此，视频素材制作的学习，其方法同前面几章没有本质区别，此处不再说明，请读者参考前面几章学习要点中的说明。

【本章内容结构】

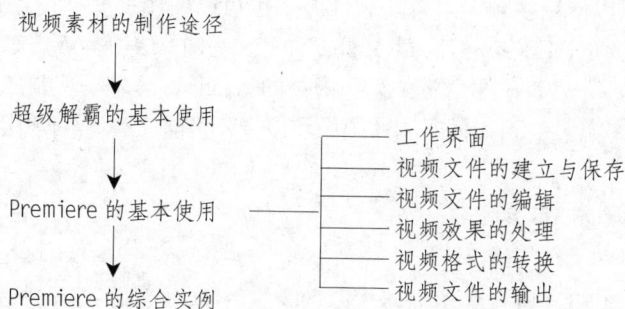

视频素材的制作途径
↓
超级解霸的基本使用
↓
Premiere 的基本使用 ——— 工作界面
视频文件的建立与保存
视频文件的编辑
视频效果的处理
视频格式的转换
视频文件的输出
↓
Premiere 的综合实例

199

8.1　视频素材的制作途径

通过多媒体软件采集视频素材的方法很多。最常见的方法是用视频捕捉卡配合相应的软件（如 Ulead 公司的 Media Studio 以及 Adobe 公司的 Premiere）来采集录像带、光盘等存储介质上的素材。录像带和光盘的使用比较普及，所以，用这种方法，其素材的来源较广，其缺点是硬件上需要额外投资。视频捕捉卡种类很多，常用的主要有 Broadway（百老汇）、Apollo（阿波罗）等。

另一种方法是利用超级解霸等软件来截取光盘中的视频片段（截取成 *.mpg 文件或 *.bmp 图像序列文件），或把视频文件 *.dat 转换成 Windows 系统通用的 AVI 文件。这种方法的特点是无须额外进行硬件投资，有一台多媒体电脑就可以了。用这种采集方法得到的视频画面的清晰度，要明显高于用一般视频捕捉卡从录像带上采集到的视频画面。

另外，还可以用如 Snag It32、Hyper Cam 等屏幕抓取软件来记录屏幕的动态显示及鼠标操作，以获得视频素材，但此方法对电脑的硬件配置要求很高，否则只能用降低帧速或缩小抓取范围等办法来弥补。

常用的视频制作软件包括视频卡附带的软件包和其他通用类视频制作软件。在视频素材制作时，用户可以使用视频卡附带的软件包，也可以使用一些通用类视频制作软件，如 Premiere、After Effects、Ulead Media Studio 等对采集的 AVI 文件或 MPG 文件进行合成、编辑。Premiere 是 Adobe 公司提供的 Windows 环境下功能强大的视频图像动态捕获与制作软件，它可以同时制作图像和声音，目前已被广泛使用。

8.2　超级解霸的基本使用

（1）启动超级解霸 3000，执行菜单命令"文件/打开单个文件"，选择路径后打开影片文件。单击"播放"按钮播放影片。如图 8-1 所示。

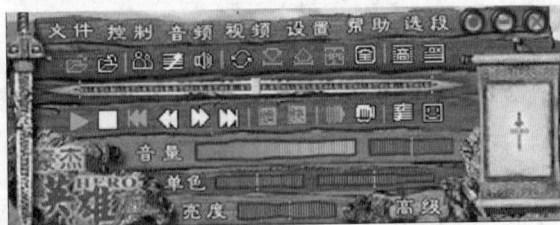

图 8-1　超级解霸 3000 播放器

VCD 光盘的视频文件通常放在文件夹"MPEGAV"下，扩展名为".DAT"。DVD 光盘的视频文件放在文件夹"VIDEO_ TS"下，扩展名为".VOB"。

（2）点击"循环播放"按钮（图 8 - 2 左起第 1 个按钮），可以看到播放进度条变为绿色（即为循环状态），图标变成双箭头。如图 8 - 2 所示。

图 8 - 2   超级解霸 3000 截取按钮

（3）拖动鼠标到欲截取的片断的起始位置，单击"选择开始点"按钮（图 8 - 2 左起第 2 个按钮），选定开始点。

（4）将游标拖至录取区域的终止位置，单击"选择结束点"（图 8 - 2 左起第 3 个按钮），绿色的部分就是选定的要截取的片段。

（5）点击保存 MPG 按钮（图 8 - 2 左起第 4 个按钮），将指定区域录制为 MPG 或 MPV（MPV 文件只有视频无音频）文件。

（6）系统会提示输入录像的文件名，请注意选择正确的文件类型。至此，我们便成功地截取了一段视频。

要注意的是，用以上方法转换成的 MPG 文件不是标准的 MPG 格式，如果需要刻录成 VCD，必须通过其他工具进行转换，可以使用豪杰视频通 2.5 来完成。上述功能只支持 VCD、DVD 或者 MPEG1 标准的 .MPG 以及 .DAT、.VOB 格式文件。

8.3   Premiere 的基本使用

Premiere 是 Adobe 公司为适应 Windows 平台的需求而推出的专业化视频处理软件。它可以配合多种硬件进行视频捕获和输出，并提供计算处理精确的视频编辑工具，制作高质量的视频文件，从而为多媒体应用系统增添高水平的创意。Premiere 使用多轨的影像与声音合成及剪辑来制作 Microsoft Video for Windows（.avi）、Quick Time Movies（.mov）等动态影像格式，并提供了各种操作界面来达到专业化的剪辑需求，在多媒体素材处理中扮演着一个举足轻重的角色。

Premiere Pro 属于非线性编辑工具（NLE），非线性的意思是不按时间顺序编辑。因此，Premiere Pro 允许在所要的任何位置上放置、替换、剪切和移动视频剪辑，实现视频的移动、拼合、组接等。Premiere Pro 提供标准的数字视频工作流，并用高级功能增强工作流，在工作流中还可与 Adobe Creative Suite Production

201

Studio Premium 协同工作。

8.3.1　工作界面

安装完 Premiere Pro CS3 以后，单击操作系统左下角的"开始"按钮，依次选择执行"所有程序/Adobe Premiere Pro CS3"菜单命令，就可以启动该软件。

单击"新建项目"按钮，弹出"新建项目"对话框，如图 8-3 所示。在"有效预置模式"中选择"DV-PAL"下的任一模式，单击"位置"选项右侧的"浏览"按钮选择新建项目文件的存放位置，在对话框下方的"名称"文本框中输入新建项目的名称，然后单击"确定"按钮，关闭对话框，同时建立一个新的项目文件。

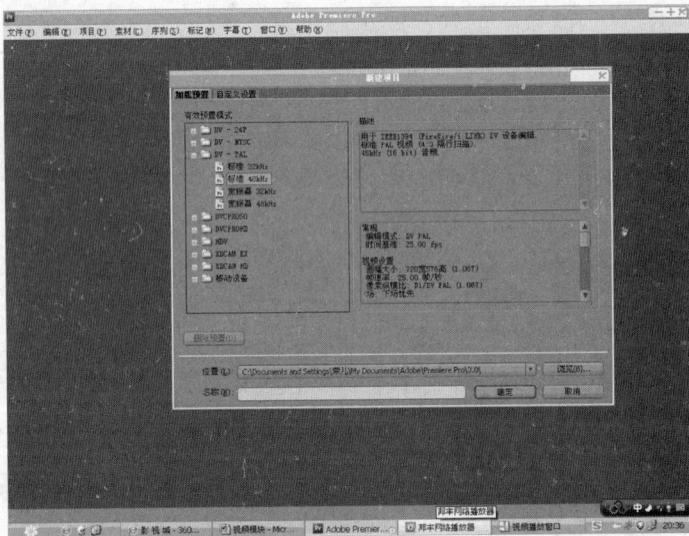

图 8-3　"新建项目"对话框

建立好新的文件项目以后，就可以看到 Premiere Pro CS3 的全新界面，如图 8-4 所示。

1. 菜单部分

界面的最上方为软件的菜单部分，主要包括文件、编辑、项目、素材、序列、标记、字幕、窗口和帮助等菜单项。

图 8 - 4　Premiere Pro CS3 的全新界面

2. "项目"面板

界面左侧上方为软件的"项目"面板，如图 8 - 5 所示。在项目面板中进行操作，可以存储当前项目所需要的所有素材文件，包括视频、音频和图形文件等。如果选中了一段视频或音频，单击面板中预览图标左侧的播放按钮，在预览效果的同时会在右侧显示文件的详细信息。

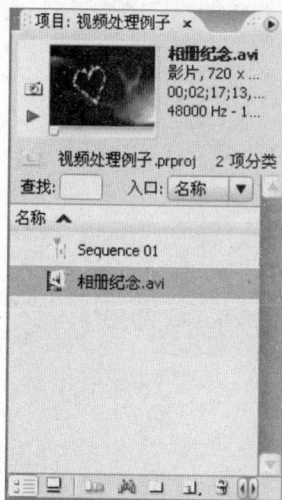

图 8 - 5　"项目"面板

图 8 - 6　"信息"、"效果"和"历史"组合面板

203

3. "信息"、"效果"和"历史"面板

软件界面的左下方为"信息"、"效果"和"历史"组合面板，如图 8-6 所示。

4. "素材源"、"效果控制"和"调音台"面板

软件面板上部的中间为"素材源"、"效果控制"和"调音台"组合面板，如图 8-7、8-8、8-9 所示。

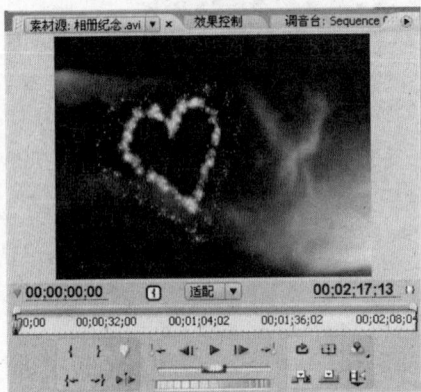

图 8-7　"素材源"面板

图 8-8　"效果控制"面板

图 8-9　"调音台"面板

5. "节目监视器"面板

软件界面的右上角为"节目监视器"面板，如图 8-10 所示。

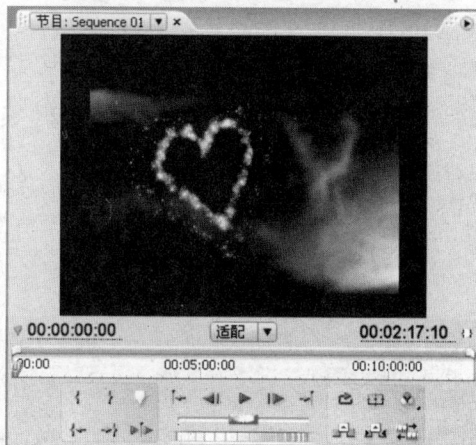

图 8 - 10 "节目监视器"面板

6. "时间线"面板

软件界面下方的中央部分为"时间线"面板,如图 8 - 11 所示。

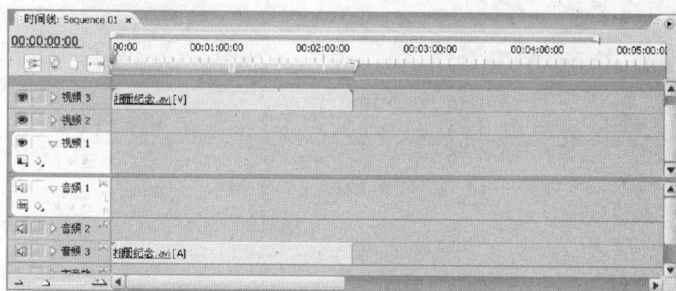

图 8 - 11 "时间线"面板

图 8 - 12 "音频基准电
平表"和"工具"面板

7. "音频基准电平表"和"工具"面板。如图 8 - 12 所示。

上面部分为"音频基准电平表",下面部分为"工具"面板。

8.3.2 视频文件的建立与保存

1. 建立新项目

方法一:在出现欢迎界面时选择"新建项目"选项;

方法二:在编辑某个项目时,可以执行"文件→新建→项目"(快捷键

205

"Ctrl + Alt + N")菜单命令来创建新的项目。

2. 设置项目属性

在建立新项目以后需要设置项目属性，这样才能制作出符合要求的视频文件。

不论使用哪种方法创建新项目，都会弹出一个"新建项目"对话框，如图8-13所示。设置好文件的保存位置和名称以后，单击"确定"按钮就可以创建一个新的项目文件。

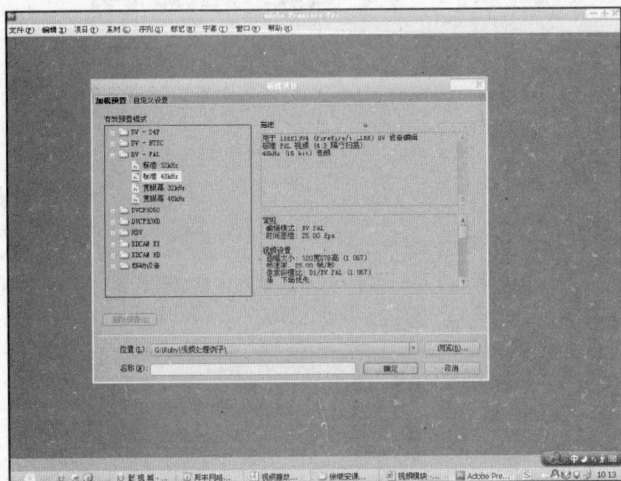

图 8-13   "新建项目"对话框

3. 导入素材

在 Premiere Pro CS3 中建立了一个新的项目后，需要导入素材到项目窗口中。导入素材的方法很简单，下面就介绍几种导入素材的方法。

方法一：执行"文件"→"导入"（快捷键"Ctrl + I"）菜单命令，在弹出的输入对话框中选择需要导入的素材文件，然后单击"打开"按钮即可将素材成功导入，如图8-14所示。

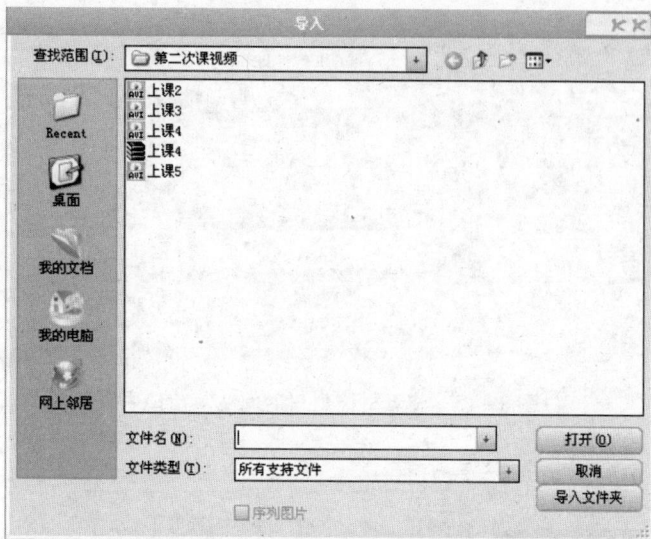

图 8 - 14   "导入"对话框

方法二：在项目窗口空白处，右击鼠标，选择"导入"命令，就可以打开如图 8 - 14 所示的"导入"对话框。也可以在空白处直接双击鼠标，同样能够打开"导入"对话框。

方法三：在弹出的"导入"对话框中，选择"导入文件夹"，导入包含若干素材的文件夹。

单击"文件"按钮，选择"保存"即可。

8.3.3   视频文件的编辑

导入素材，将素材拖到"时间线"窗口中，选择工具面板中的"移动工具"可对视频进行剪切或者拉长，如图 8 - 15 所示。读者还可以用工具面板中的"剃刀"工具对需要编辑的素材进行剪切编辑，如图 8 - 16 所示。

图 8-15　将素材拖到"时间线"窗口中

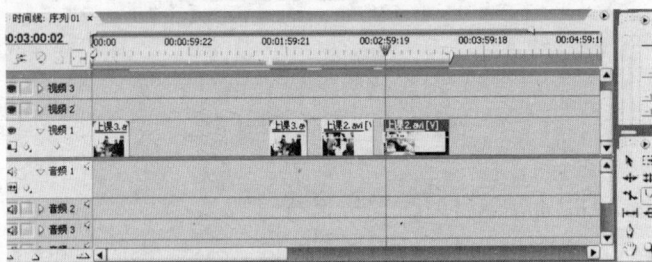

图 8-16　对视频进行剪切或者拉长

8.3.4　视频效果的处理

1. 视频切换效果

视频切换效果包括很多类型，比如 3D 运动、划像、卷页等。这里只介绍卷页效果中的"中心卷页"效果，其他视频切换效果操作步骤类似，读者可以自行试试。

（1）导入所需素材，拖放到"时间线"窗口的视频轨道中，如图 8-17 所示。

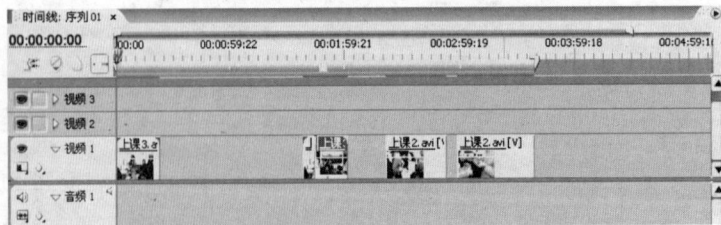

图 8-17　导入素材并拖放到视频轨道

（2）打开"效果"面板，如果软件界面没有"效果"面板，可以执行"窗口/效果"菜单命令启动"效果"面板，如图 8 – 18 所示。

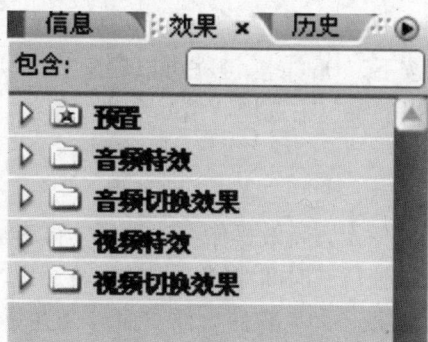

图 8 – 18　"效果"面板

（3）单击视频转换文件夹前的三角形按钮，展开视频切换效果分类列表。继续单击某一类文件夹左侧的三角形按钮，可以展开详细的切换特效分类列表，如图 8 – 19 所示。

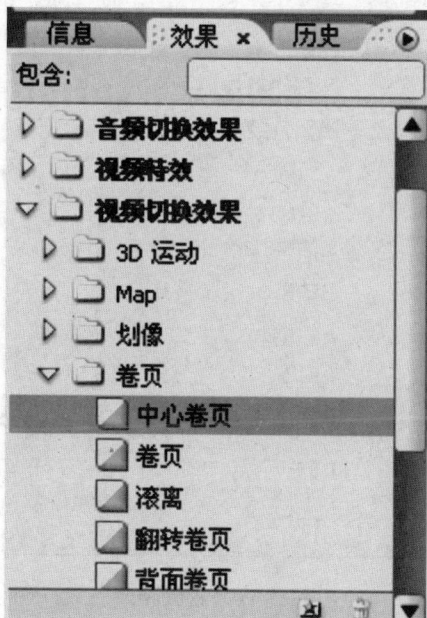

图 8 – 19　切换特效

209

（4）拖动需要添加的视频切换效果到时间线中两端视频素材相交处，这里选择"视频切换效果"→"卷页"→"中心卷页"，拖动时间线标尺，即可在监视器窗口中预览到添加视频切换后的效果。

（5）如果想删除视频切换效果，可以使用两种方法：一是直接单击鼠标左键选中切换标记，然后按下"Delete"键就可以删除视频切换效果；二是在切换标记上右击鼠标，在弹出的菜单中选择"清除"即可。

2. 视频特效

视频的特效也有很多种，如"变换"、"扭曲"等。这里着重介绍"过渡"中的"百叶窗"效果。其他视频特效操作方法类似，读者可以自行试试。

（1）导入所需素材，拖放到时间线窗口的视频轨道中，如图8-17所示。

（2）打开"效果"面板，如果软件界面没有"效果"面板，可以执行"窗口/效果"菜单命令启动"效果"面板，如图8-18所示。

（3）单击视频特效文件夹前的三角形按钮，展开视频特效分类列表。继续单击某一类文件夹左侧的三角形按钮，可以展开详细的视频特效分类列表，如图8-20所示。

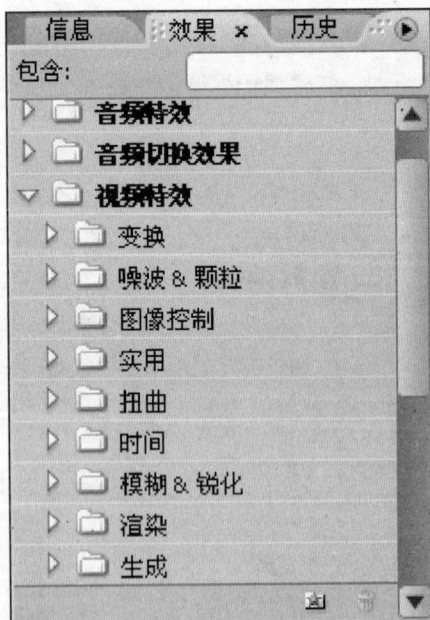

图8-20　视频特效

（4）拖动需要添加的视频特效到时间线中两端视频素材相交处，这里选择"视频特效"→"过渡"→"百叶窗"，拖动时间线标尺，在监视器窗口中可以预览到添加的视频特效。

8.3.5 视频格式的转换

在导入视频时，Premiere Pro CS3 支持的标准视频格式是 . avi，但在输出视频时，可以选择所需要的视频格式进行输出。在音频文件方面，它不支持 . mp3 格式，因此，在导入视频的时候要注意，如果格式不对，要用软件转换成相应的格式再导入（可使用"快乐影音转换器"进行各种视频/音频格式的相互转换）。视频格式的转换，具体操作如下：

（1）选择"文件"→"导出"→"影片"，打开的界面如图 8 – 21 所示：

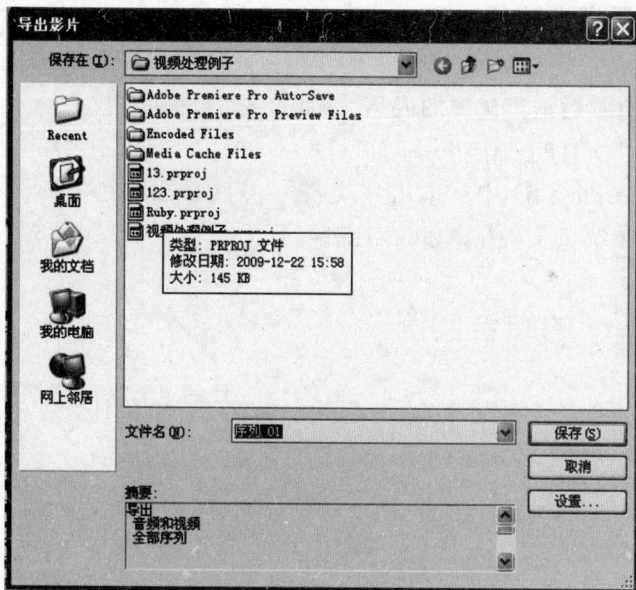

图 8 –21 ·"导出影片"窗口

（2）选择"设置"，打开"设置"界面，选择"常规"选项中的"文件类型"，就可以设置你所需要的视频格式了。如图 8 – 22 所示。

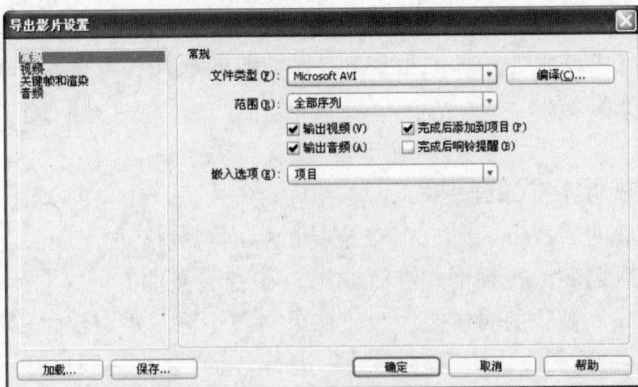

图 8－22　导出影片设置

8.3.6　视频文件的输出

渲染输出是非线性编辑中很重要的步骤，前边所有编辑工作都是为了在最后输出优质的成品，如果在这最后一步出错，那么就会使所有的工作功亏一篑。

在 Premiere Pro CS3 中，单击"文件"→"导出"→"影片"，选择所需的文件格式和保存路径即可。

8.4　Premiere 的综合实例

通过上面的介绍，我们对视频素材的编辑有了一定的认识，下面就以一个个性影片的制作为实例，来进一步巩固我们所学的知识。

（1）导入所需的素材。单击"文件"→"导入"，进入"导入"界面，单击"导入文件夹"按钮，导入所需的素材。

（2）将导入的文件夹素材拖到视频轨，单击右下方工具栏中的"缩放工具"，对相片进行放大处理。如图 8－23 所示。

（3）打开"效果"面板，选择"视频特效"，单击文件夹旁的三角形按钮，展开下拉菜单，就可以根据自己的需要选择相关的视频特效，并拖到视频轨道中。在我们的例子

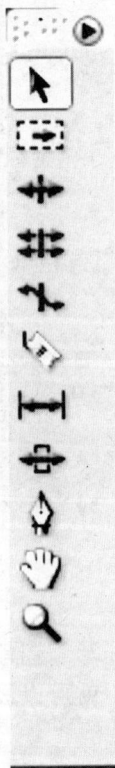

图 8－23　缩放工具

里，第一幅用的是"照明效果"，第二幅用的是"笔触"，第三幅用的是"闪电"，第四、五幅用的是"镜头光晕"，第六幅用的是"海报"，第七幅用的是"笔触"，第八幅用的是"闪光灯"，第九幅用的是"照明效果"，第十幅用的是"阴影/高光"，第十一幅用的是"材质纹理"，第十二幅用的是"镜头光晕"。第九幅图预览的效果如图 8-24、8-25 所示。

图 8-24 添加"照明效果"前

图 8-25 添加"照明效果"后

（4）同样地，也可以在不同图像之间添加一些切换效果。具体操作如下：

打开"效果"，选择"视频切换效果"，单击文件夹旁边的三角形图标，打开其下拉菜单，即可选择所需要的切换效果。把你所选择的切换效果拖到两幅图像的交界处即可。这里第一幅和第二幅之间用的是"窗帘"切换，第二幅和第三幅采用的是"门"切换，第三幅和第四幅采用的是"星型划像"切换，第四幅和第五幅采用的是"翻转卷页"切换，第五幅和第六幅采用的是"随机反转"切换，第六幅和第七幅采用的是"擦除"切换，第七幅和第八幅之间采用的是"百叶窗"切换，第八幅和第九幅之间采用的是"随机擦除"切换，第九幅和第十幅之间采用的是"旋窝"切换，第十幅和第十一幅采用的是"纸风车"切换，第十一幅和第十二幅之间采用的是"圆形划像"切换。如图 8-26 所示，为加入"窗帘"切换后的效果。

图 8-26 "窗帘"切换效果

（5）此外，视频文件中可以加入相关的背景音乐。这里需要特别注意，Promiere Pro CS3 不支持 . mp3 格式的音频文件，所以如果音频文件为 . mp3 格式，需要事先用格式转换工具把格式转换为软件支持的格式，如 . avi、. wmv、. wma 等。

（6）编辑完成之后，需要保存做好的影片。单击"文件"→"导出"→"影片"，打开导出面板，给文件命名，选择保存路径，单击"保存"按钮即可。

【思考题】

1. 关于视频素材的制作途径，除了本章中所说的这些，你还知道哪些？

2. 参照第 6 章动画素材的制作步骤，试自行总结出视频素材制作的一般步骤。

3. 除了使用超级解霸等工具软件快速获取视频素材外，你还知道常用软件中哪些视频工具？试举例说明。

4. 为什么在多媒体创作中，要经常进行视频文件格式的转换？

【实训题】

1. 上网下载并安装 Adobe After Effects 工具软件，熟悉其各种视频编辑的步骤与方法，并与本章介绍的 Promiere 工具软件进行对比，从而加深对视频制作的理解。

2. 上网下载并安装一款视频转换工具软件，进一步熟悉各种常用视频文件格式的转换操作。

THE TECHNOLOGY AND CREATION OF MULTIMEDIA

The Ceation of Multimedia Software Engineering Projects

第 9 章

多媒体软件工程项目的创作

本章在简要介绍网页知识的基础上，结合多媒体项目管理的思想和软件工程的创作方法，重点讲解了 Dreamweaver 8 的基本操作与创作技巧，同时，对标准的 HTML 语言也进行了介绍。

【本章学习要点】

当前，计算机技术的发展已全面进入网络时代，显然，传统的多媒体软件及其开发方式已不能完全适应网络时代的需要，取而代之的，是基于网络技术并具有网络带来的开放性、动态性、交互性、协同性特征的，主要用于网络环境的网络多媒体软件。网络多媒体软件又称为 Web 多媒体软件，它基于浏览器/服务器模式开发，是能在 Internet 或 Intranet 上发布的多媒体软件，其本质是一种 Web 应用软件。

在众多的 Web 多媒体软件创作工具中，Dreamweaver 的使用最为广泛。本章就以 Dreamweaver 8 的基本操作为基础，结合标准的 HTML 语言，系统地讲解网络多媒体软件的创作方法与步骤。网络多媒体软件的创作是一项从艺术设计到页面制作再到后台开发的系统工程，需要应用多种技术，使用各种相关的软件才能完成。我们在学习时，需要首先了解网页布局、网页配色等各种技术以及涉及的软件。除此之外，使用最流行或最新版本的创作软件，在创作网页过程中也可以起到事半功倍的效果。

【本章内容结构】

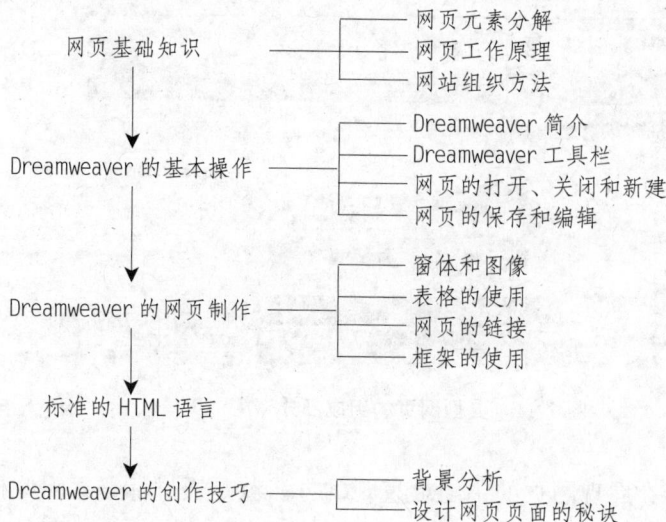

网页基础知识 —— 网页元素分解 / 网页工作原理 / 网站组织方法

Dreamweaver 的基本操作 —— Dreamweaver 简介 / Dreamweaver 工具栏 / 网页的打开、关闭和新建 / 网页的保存和编辑

Dreamweaver 的网页制作 —— 窗体和图像 / 表格的使用 / 网页的链接 / 框架的使用

标准的 HTML 语言

Dreamweaver 的创作技巧 —— 背景分析 / 设计网页页面的秘诀

217

9.1 网页基础知识

在建造第一个网页之前，你首先需要对网页是如何产生的有一个基本的理解，并且对所期望的网页外观做一些规划。

9.1.1 网页元素分解

网页编写的主要任务是为每一个标准的部件确定相应的选用内容，其中一个主要的难点在于：每一种浏览器在处理不同的部分时有不同的方式。一个网页的组成部分大同小异，一般包括以下的部分：

1. 看得到的部分

看得到的部分，又称为网页的前台。图9-1显示的是在浏览器内，访问者所能够看到的一个典型网页的各个组成部分。

图9-1　典型网页的组成部分

（1）标题浏览器：展现网页的主题最直观的方法就是通过标题。因此标题通常以较大字体、粗体或者其他的显示类型来突出显示。一个网页通常包括一个大标题、二级标题、三级标题等，可达6层的嵌套深度。

（2）普通文本：是组成网页的基本的、多用途的文本。典型情况下，网页的作者将普通文本中的线和块当作"段落"。但是按照Netscape作者的说法，网页上任何离散的文字块都被称作段落——不管它是一个标题、普通文本或者是其他什么东西，它们的类型由赋予此段落的"属性"所确定。

（3）签名：通常显示在网页的底部。签名标明了网页的作者、网页的版权信息，并且常常包含链接的作者（或者网络管理员）的电子邮件地址，从而使访问者可以发送有关此网页的评论或者问题。

（4）水平线：用来装饰网页，它将网页分割成逻辑上的几个部分。

（5）内嵌图像：是那些嵌入网页布局中的图像，它们让网页变得生动活泼，增加了网页信息量。

（6）背景色或样式：可以是一种单一的颜色，或者是一个内嵌图像，但和普通的图像不同的是，它们覆盖了整个网页的背景，文本和其他图像就显示在其上。

（7）动画：在网页中以某种方式运动的文本或图片，如网页中常见的文本向上滚动的公告栏，或一排图片从左到右移动，或一些新闻图片忽隐忽现等动画。

（8）超级链接：可以链接到很多不同的对象上去。如其他的网页、多媒体文件（外部的图像、动画、声音、视频）、文档文件、电子邮件地址以及在其他类型服务器（如 Telnet、FTP 和 Gopher）上的文件或者应用程序。链接还可以引导至当前网页的某个特定的位置。

（9）图像地图：是一些内嵌图像，此图像的不同区域下面包含了不同的链接。

（10）列表：可以是黑点，或按数字进行的编号，或其他。

（11）表单：是一些区域，访问者可以在其中的空白处填写，以回复在线的问卷、预订货物或者服务等。列表和表单常见于注册个人登录信息的页面中。

2. 看不到的部分

除了看到的那些东西以外，还有其他一些元素也可以被包括在网页（或者说那些组成此网页的文件）内。通常，访问者并不能看到这些元素，不过它们有如下的作用：

（1）鉴定信息：鉴定网页文件可以包含多种鉴定信息，包括作者的名字（和/或电子邮件地址）以及一些特殊的编码，这些编码可以帮助搜索引擎确定网页的主题与内容。

（2）注释：是作者希望在直接阅读网页的 HTML 代码时能够看到的文本，在浏览器中是看不到的。注释通常包括 HTML 文件的结构或者组织的注意事项。

（3）Java Script 代码：在 HTML 文件内，Java Script 的语句行可以给网页添加一些特殊的动态性能。

（4）Java applet：以单独的文件存在，这种 Java 程序模块可以提高访问者、浏览器和服务器之间的交互能力。比如说，Java 就非常适合于编写在 Web 上玩的交互游戏。

（5）图像地图和表单处理代码：用来处理图像地图和交互表单的程序代码。

9.1.2 网页工作原理

编写网页的结果是得到一个 HTML 文件，它被发布在 Web 服务器中，从而使用户可以对它进行访问，获取网页的信息，这就是网页的工作原理。

一个 HTML 文件（如图 9－2 所示）包含出现在网页上的所有文字，以及一些 HTML 标记。

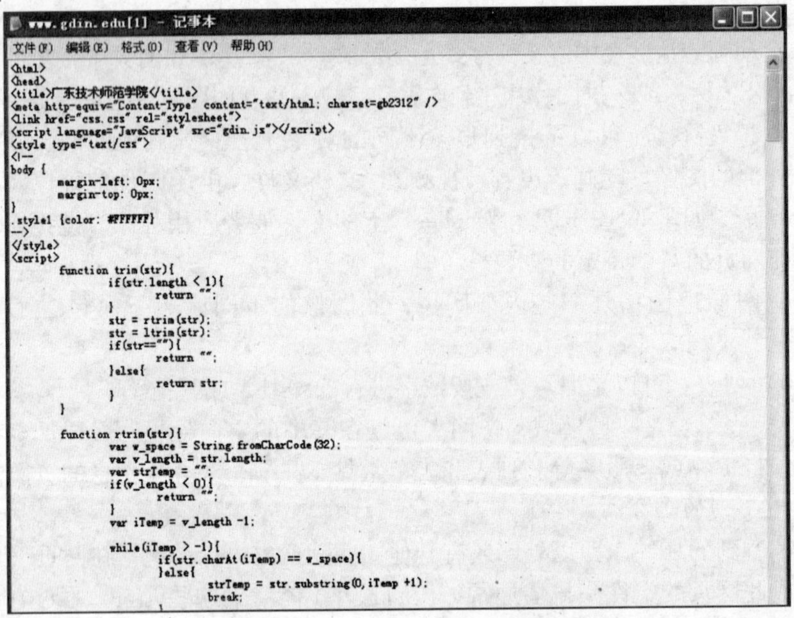


```
<html>
<head>
<title>广东技术师范学院</title>
<meta http-equiv="Content-Type" content="text/html; charset=gb2312" />
<link href="css.css" rel="stylesheet">
<script language="JavaScript" src="gdin.js"></script>
<style type="text/css">
<!--
body {
	margin-left: 0px;
	margin-top: 0px;
}
.style1 {color: #FFFFFF}
-->
</style>
<script>
	function trim(str){
		if(str.length < 1){
			return "";
		}
		str = rtrim(str);
		str = ltrim(str);
		if(str==""){
			return "";
		}else{
			return str;
		}
	}

	function rtrim(str){
		var w_space = String.fromCharCode(32);
		var v_length = str.length;
		var strTemp = "";
		if(v_length < 0){
			return "";
		}
		var iTemp = v_length -1;

		while(iTemp > -1){
			if(str.charAt(iTemp) == w_space){
			}else{
				strTemp = str.substring(0,iTemp +1);
				break;
```

图 9－2 显示的网页所对应的 HTML 文件

如 Web 浏览器这样一种应用程序，它至少会自动完成如下两件事：

（1）访问远程 Web 服务器上面的 HTML 文档，这是通过一种叫作 HTTP 的通信协议来实现的。

（2）翻译文档中的 HTML 标记，根据 HTML 标记的含义将 HTML 文档转换为能在浏览界面看到的网页。

需要注意的是，大多数情况下，HTML 只是区分内容，不能控制页面的精确格式。每一个浏览器在决定如何在屏幕上显示这些元件的时候都是不尽相同的。

9.1.3 网站组织方法

粗略记录下文档将会覆盖的主题或者子主题最好做一个列表。有多少个这样的主题，每一个主题又需要多少内容，在这个简单操作之后，将能够对文档的规模和范畴有一个比较恰如其分的理解。

现在看看这些主题。它们是否按照从开始到结束的逻辑顺序进行，其中每一个新的部分是否取决于前面部分的内容；或者，这些材料看上去是否很自然地分解成了一些子主题（以及更低级别的主题）；如何调整主题的次序，从而可以使得它们之间的过渡更符合逻辑，简而言之，就是恰当地将相关主题组织在一起。

在展开分解工作时，一个简单的框架就出现了。在编写文档之前，对框架做越多的优化，就会越紧扣主题，而且编码的效率也会越高。更重要的是，最后所产生的 Web 文档将以一种清晰而明朗的方式来展现信息。

网站是由一个或多个网页组成的，每个网页中又包括文本、图片、动画等多种信息，网页之间通过链接联系起来。组织网站，也就是为网站建构框架，使得网页有逻辑地展示，使得内容的展示符合用户一般的浏览阅读习惯。网站的组织方式有很多，设计者应根据网站的主题、用途和用户的需求去建构框架。现简单介绍几种网站的组织方式：

（1）布告板：一个单独的、简单的网页，它通常描述一个人、小的业务或者简单的产品。大多数个人网站都是这种类型。它们通常包含一些链接，这些链接是指向网络上的相关（或者最喜欢）资源的，但是不指向相同文档内的其他网页（网景的网页向导用于建造这种类型的网页）。

（2）单页线性：一个网页，或长或短，都被设计成从头到尾的阅读顺序。通常使用一些规则将这样一个网页分解成虚拟的"页"。读者可以翻阅整个网页，也可以使用一个内容和目标的表格快速跳至任意部分。这种类型最适合于比较短的文档（少于 10 个满屏），而且这个文档中所有的信息可以很自然地从头到尾地过渡。

（3）多页线性：和单页线性有同样的基本思想，但它是被分解成多个逻辑上连贯的、一个接一个的网页，从开头到结束，就像一个故事一样。可以通过在每一页的底部放置一个指向下一页的链接来引导读者浏览整个系列的网页。

（4）分层：分层是典型的网站结构，常见的两种是树型结构和网状结构。

①树型结构：一个首页包含其他网页的链接，每一页包含一个主要的主题区。每一个这样的网页又可以包含指向更多网页的多个链接，进一步将主题分

221

解，从而到达更特定的信息。如图 9-3 所示。

②网状结构：网状结构是一个没有层次的分级的结构。这个文档中有多个网页，而其中的任意一个网页又都包含连接到其他网页的链接。可能会有一个首页导入，从那里进入之后，读者就可以在此网中逛来逛去，且无须沿一个特定的路径。网状的结构是松散并且可以自由游走的，最适宜于娱乐、休闲的主题，或者那些难以进行顺序或层次分解的主题（提示：在选择一个网站结构之前，确信要传达的信息的确需要这种结构来布局——也许你只是不知道重点在哪里）。如图 9-4 所示。

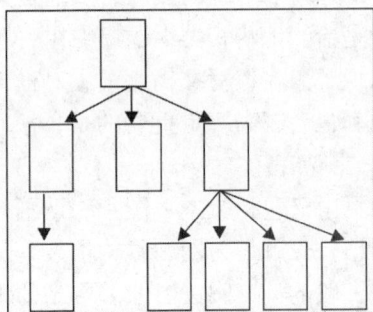

图 9-3　树型结构　　　　　　　　　图 9-4　网状结构

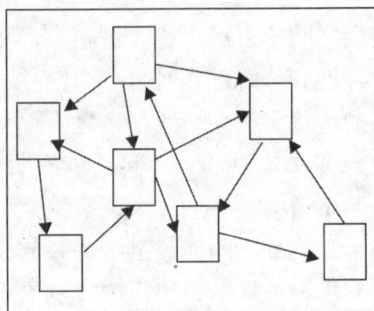

还有一些组织网站信息的结构方法，它们大多基于以上两种结构再加以变化。换一种说法就是，如果还没有确定哪一个结构是最适合要创建的网页的话，就需要对信息进行更多的处理，并以不同的方法将它分解，直至最佳结构出现。

9.2　Dreamweaver 的基本操作

上文提到，HTML 只是区分内容，它并不能控制页面的精确格式。网页编辑器的出现使得使用者在制作网页时可以实现在同时看到网页的外观，这种可视化的编辑器，可以实现在同一个窗口进行代码的编辑和页面格式的调整，为制作者带来了极大的方便。如果没有它，网页的作者就必须在编写 HTML 代码的同时猜测他们网页的外观。为了检查他们的工作，就必须在浏览器中打开此文件，然后再回到 HTML 代码上来进行调整。

网页编辑器有很多，其中 Dreamweaver 的使用最为广泛，得到很多网页制作者的青睐，被称为网页三剑客之一。

9.2.1　Dreamweaver 简介

Macromedia Dreamweaver 8 是一款专业的 HTML 编辑器, 用于对 Web 站点、Web 页和 Web 应用程序进行设计、编码和开发。无论用户愿意享受手工编写 HTML 代码时的驾驭感还是偏爱在可视化编辑环境中工作, Dreamweaver 都会为用户提供实用的工具, 使用户拥有更加完美的 Web 创作体验。

利用 Dreamweaver 中的可视化编辑功能, 用户可以快速地创建页面而无须编写任何代码。用户可以查看所有站点元素或资源并将它们从易于使用的面板直接拖到文档中。用户可以在 Macromedia Fireworks 或其他图形应用程序中创建和编辑图像, 然后将它们直接导入 Dreamweaver, 或者添加 Macromedia Flash 对象, 从而优化用户的开发工作流程。

Dreamweaver 还提供了功能全面的编码环境, 其中包括代码编辑工具 (例如代码颜色和标签完成), 以及有关层叠样式表 (CSS)、Java Script 和 Cold Fusion 标记语言 (CFML) 等语言参考资料。利用 Macromedia 可自由导入导出 HTML 的技术, 可导入用户手工编码的 HTML 文档而不会重新设置代码的格式, 用户可以随后用首选的格式设置样式来重新设置代码的格式。

Dreamweaver 还使用户可以使用服务器技术 (如 CFML、ASP. NET、ASP、JSP 和 PHP) 生成由动态数据库支持的 Web 应用程序。

Dreamweaver 的操作可以完全自定义。用户可以创建自己的对象和命令, 修改快捷键, 甚至编写 Java Script 代码, 用新的行为、属性检查器和站点报告来扩展 Dreamweaver 的功能。

9.2.2　Dreamweaver 工具栏

工具栏是以靠近 Dreamweaver 窗口顶部的两行按钮显现的, 第二行的每一个图标都可以被显示或者隐藏, 如图 9–5 所示。

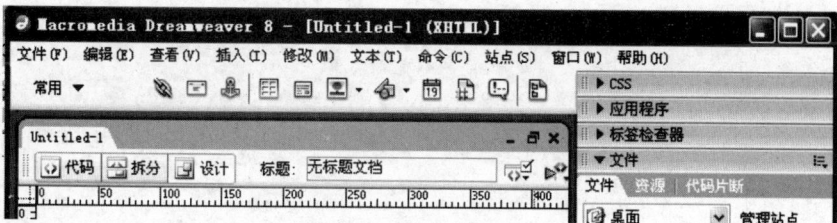

图 9–5　Dreamweaver 的工具栏

大多数按钮很容易通过它们的图标区分出来。有时辨识不出，可将鼠标放到按钮上停留片刻，按钮的名称就会显现。

9.2.3　网页的打开、关闭与新建

1. 软件的打开与关闭

（1）要打开 Dreamweaver，首先单击"开始"按钮，然后选择"程序"→"Macromedia"→"Macromedia Dreamweaver 8"（如图9-6所示）。

（2）要关闭 FrontPage Express，选择"文件"→"退出"，或者单击 Dreamweavers 窗口的右上角的"×"按钮（如图9-7所示）。

图9-6　打开 Dreamweaver 软件

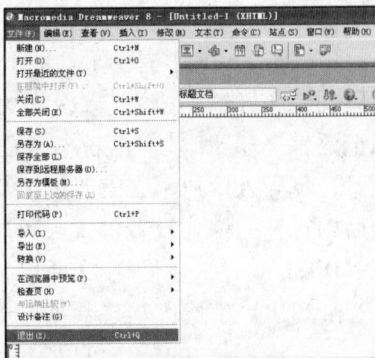

图9-7　关闭 Dreamweaver 软件

2. 网页的打开和新建

（1）选择"文件"→"新建"，如图9-8所示。

（2）选择"基本页"，然后单击"创建"，如图9-9所示。

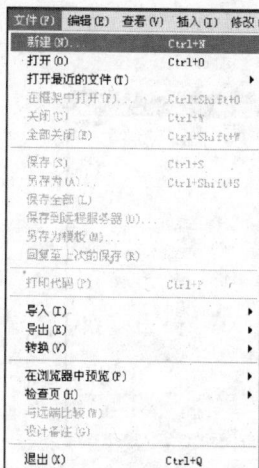

图 9-8 新建网页

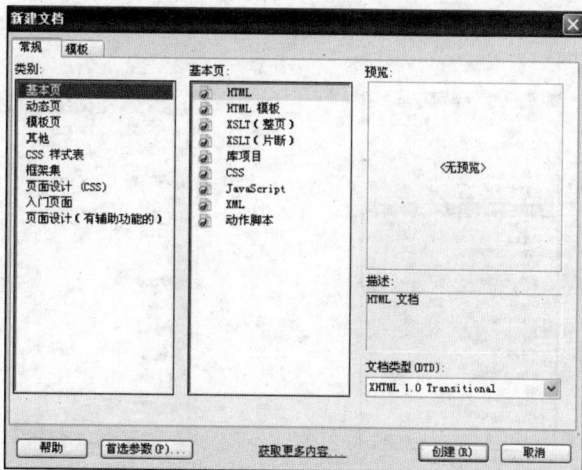

图 9-9 创建基本页

（3）开始输入要显示的内容，如图 9-10 所示。

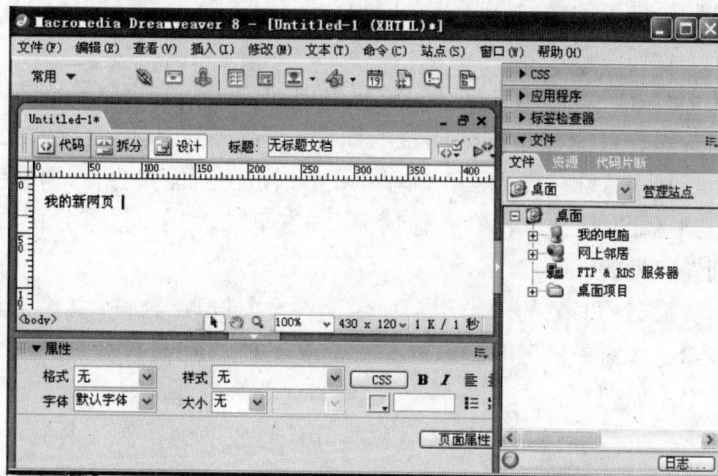

图 9-10 输入文本

9.2.4 网页的保存和编辑

1. 网页的保存和命名

（1）存储文件，在菜单栏中，选择"文件"→"保存"，如图 9-11 所示。

（2）找到存储网页的文件夹，命名后保存，如图 9 – 12 所示。

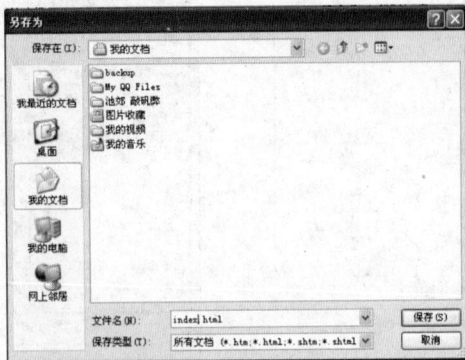

图 9 – 11　网页文件的保存　　　　　　图 9 – 12　网页文件的保存

（3）文件的命名规则。

在 Dreamweaver 中用户可以对一系列不同类型的对象进行命名，这些对象包括图片、层、表单、文件、数据库域等，这些对象将会被许多不同的工作引擎分析处理，这些工具包括各种浏览器、Java Script 脚本解析器、网络服务器、应用程序服务器、查询语言，等等。

如果某个对象的名称无法被某个解析器识别，就有可能会导致故障的发生，更加麻烦的是用户可能很难发现问题的原因。例如某个具体的特效无法正确显示，或者是在某个特殊阶段无法正确显示，有时故障可能只会在某种特殊情况或在使用某个浏览器时发生，而在其他情况下保持正常，用户很难分析出故障是由于命名的问题产生的。

由于需要命名的对象的种类很多，对这些对象进行解析的引擎工具也很多，因此用户在给这些对象命名时应该遵循一个常规的标准，以确保普遍兼容性。

命名的基本原则有：

①独一无二。请确保某对象的名称与其他对象不同，保证其独一无二的属性。例如：你可以将某对象命名为"feedback_button_3"。

②小写。有些服务器和脚本解析器对文件名的大小写也进行检查，而为了避免因大小写引起的不兼容问题，建议用户在命名时全部使用小写字母。

③不带空格。不同的解析器对空格等符号的解析结果不同，例如某些解析器会把空格视为某个十六进制的数值，因此建议用户使用不带空格的单词作为文件对象的名称。

④词数混合。用户在命名中可以随意使用 26 个罗马字母以及 10 个阿拉伯数字，不建议使用其他标点符号。

⑤以字母开始。有些解析器不喜欢以数字开头的文件名。例如：在某些浏览器中的 Java Script 脚本内部，使用"alpha23"这样的名称不会出现问题，但如果使用"23alpha"这样的名称就可能会发生故障。

⑥可包含"_"符号。为了使某个对象的文件名独一无二，用户可以通过使用"_"符号来更加详细地描述文件名。例如：某对象的文件名可以是"jd_background_17"。

除了上述原则标准之外，我们还需要注意其他一些情况，如文件名与系统的冲突。某些文件名可能满足上述标准，但仍发生了故障，原因是它们与系统产生了冲突。

例如，使用 Java Script 脚本函数时，不建议用户将某个变量命名为"for"，因为"for"在本系统下是一个工作语言字串，使用其命名某个变量可能会导致解析器工作出错。许多程序都有一些保留名称，这些名称一般不建议用户使用。如果用户使用某个 SQL 程序保留的名称来命名某个数据库域，当 SQL 对其进行分析时就可能会报错。

此外，用户在将不同来源的代码编到一起时，应该注意文件名的冲突情况。例如，用户把来自不同资源的两个 Java Script 行为代码编至同一网页内，而这两个行为代码的变量名相同，这时就有可能出现问题。可以此作为查询故障的一个技巧，在出现故障时，用户可以查询一下相同网页中是否存在相同文件名的变量名称。

2. 编辑已经保存过的网页

在网页上工作时，有可能要通过一系列的编辑过程来创建网页。这时便需要打开已存在的文件并在完成的时候关闭它们。下面就讲在工作时，如何关闭以及如何重新打开已经存在的文件。

（1）要关闭一个网页文件（不关闭 Dreamweaver），选择"文件"→"关闭"，如图 9 – 13 所示。

（2）要打开一个刚刚使用过的网页文件，选择"文件"，然后在"文件"菜单里选择"最近打开的文件"，再选择网页的文件名，如图 9 – 14 所示。

227

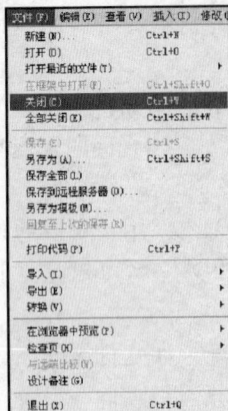

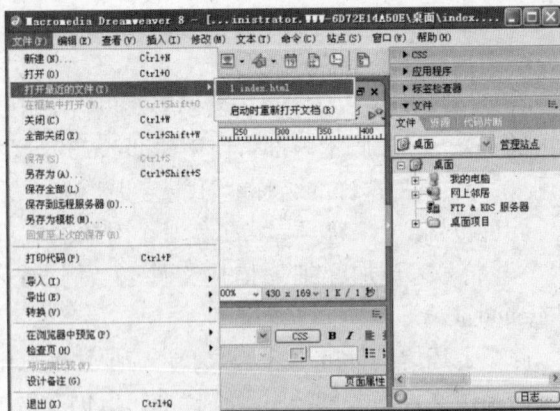

图 9-13　关闭网页文件　　　　图 9-14　打开已经保存过的网页进行编辑

网页打开后就可以开始编辑和修改了。

我们在前面学习了 Dreamweaver 的打开和关闭，学习了网页文件的打开、新建、保存和编辑等，但仍然没有开始真正的工作。尽管这些任务非常平常，但是它们却是进行高效的网页编写所不可或缺的基础。

尽管这款软件功能强大，有一件事情 Dreamweaver 是办不到的：智能。它不能够说出所创建的内容是否有良好的组织、良好的表现或者编写是否良好。而且尽管它非常忠实地应用了 HTML 标记，但是它还是不能够告诉用户是否选择了最高效率的标记来表达手头的内容。也就是说，Dreamweaver 仅仅是时间和体力的替代品，而不能够代替决策。

9.3　Dreamweaver 的网页制作

9.3.1　窗体和图像

最常用的对象是图像，可以点击对象工具条上的 ▣▾ 图标插入一个图像。点击图像可以调用一个要求输入 URL 的对话框，你可以敲入或连接到本地文件。一旦插入了一个图像，用户会在属性中看到一个图片的缩略图，如图 9-15 所示。

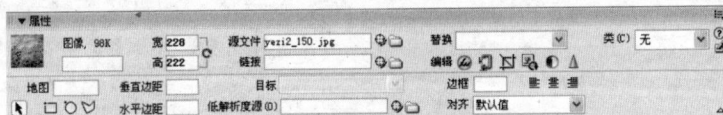

图 9-15　图像属性窗口

9.3.2　表格的使用

首先，让我们按表格按钮▦插入一个 4 行 5 列、580 个像素宽的表格，如图 9 - 16 所示：

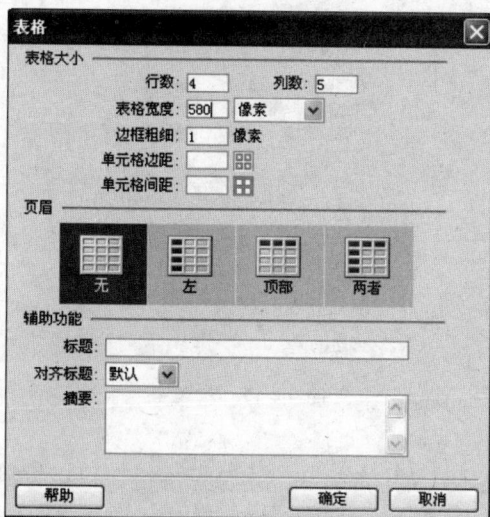

图 9 - 16　插入表格

你会看到一个属性工具条：

和大多数 Dreamweaver 属性工具条一样，UI 聚焦在 tag 属性的改变上。但是表格属性工具条包含一些额外的工具可以帮助用户管理复杂的表格布局。

▦▦▦
清除列宽：这两个按钮用来以像素或浏览器宽度百分比的方式确定表格的大小。如果用百分比定义表格的宽度，表格的宽度会根据 Dreamweaver 文档窗口的大小进行自动缩放。实现调整表格尺寸的还包括清除表格宽度或高度的工具▦▦，可以用鼠标拖动单元格来改变行或列的宽高度。

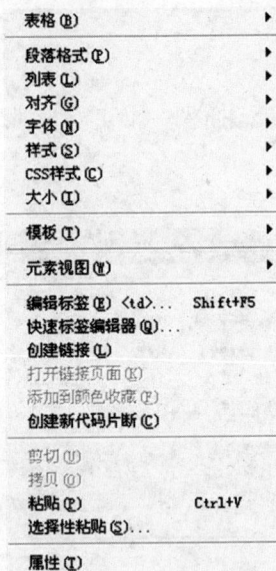

表格 (B)	▶
段落格式 (P)	▶
列表 (L)	▶
对齐 (G)	▶
字体 (N)	▶
样式 (S)	▶
CSS样式 (C)	▶
大小 (T)	▶
模板 (T)	▶
元素视图 (W)	▶
编辑标签 (E) <td>...	Shift+F5
快速标签编辑器 (Q)...	
创建链接 (L)	
打开链接页面 (K)	
添加到颜色收藏 (F)	
创建新代码片断 (C)	
剪切 (U)	
拷贝 (O)	
粘贴 (P)	Ctrl+V
选择性粘贴 (S)...	
属性 (I)	

图 9 – 17　菜单

为了管理表格的某一特定部分，点击鼠标右键，可以得到如图 9 – 17 所示的菜单。通过选择菜单项可以插入整行或整列，也可以获取单元格、行或列的属性，修改单元格边界或背景的颜色，或者设置表格内容的对齐方式。

通过扩展属性工具条可以控制每个单元格跨越的行或列，或者改变边界的对齐方式和背景属性。上面的大按钮控制单元格属性，小按钮控制单元格的跨越空间，如图 9 – 18 所示。

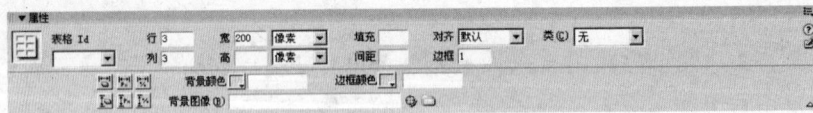

图 9 – 18　表格的属性窗口

这些工具在一定程度上能帮助用户用较少的精力创建非常复杂的表格。

DIV 和 Layer

我们都知道，在网页上利用 HTML 定位文字和图像是一件"令人头痛"的事情，DIV 的出现，让我们对网页的格式排版方便很多。创建 DHTML 页面以 DIV 开始。DIV，意思是层，可以从对象工具条的布局中插入 DIV。点击图标插

230

入 DIV，不会出现标准对话框，而是光标弹出选取框一样的图标 ✛。用它在页面上画一个矩形，此黑体矩形有抓取器和一个小操作图标。

属性工具条将显示关于 Layer 的信息。注意，当 Dreamweaver 讲到 Layer 时，不一定意味着 < LAYER > tag。Dreamweaver 把所有有绝对位置的元素当作 Layer，然后给那个对象一个小抓取器。在知道是否超越 DIV 和 SPAN 之前尝试跨平台的 DHTML 是自找麻烦。为了解决这个问题，一些 Dreamweaver 的特征（如 Time-line）决定页面中命名 Layer 的表现。要在 Layer 中插入 HTML，可以在 Layer 内点击，如同在 Document 中一样，如图 9 - 19 所示。

图 9 - 19　层标签 Layer 属性窗口

要编辑 Layer，可以点击它的抓取器，这会触发属性工具条的 Layer UI。在这里，用户可以设置 Layer 的样式属性，属性工具条的其他属性可以让用户轻松定位 Layer 和修改它的大小。

要改变 Layer 的位置和大小，可以设置工具条中的坐标或使用抓取器。可以用 Layer 边界上的 ┓■ 改变 Layer 的大小。

9.3.3　网页的链接

链接，对用户来说就是 Web，因为用户在 Web 上点击网页上的链接，才能访问到自己喜好的相关资料、电影、游戏、新闻等。这网上的一切元素和内容都是通过链接来访问的，所以我们有必要全面认识链接方面的知识。

链接（或称超链接）是 WWW 的魅力所在。为了把 Internet 上的众多网站和网页联系起来，构成一个有机的整体，就要在网页上加入链接。使用者通过点击网页上的链接，才能在信息海洋中尽情遨游。

1. 链接的类型

在 Dreamweaver 中，可以为文本和图像创建以下几种链接：

（1）内部链接：同一网站文档之间的链接。

（2）外部链接：不同网站文档之间的链接。

（3）锚点链接：同一网页或不同网页的指定位置的链接。

（4）E - mail 链接：打开填写电子邮件表格的链接。

231

2. 关于文档路径

要正确创建链接，必须了解链接与被链接文档之间的路径。每个网页都有一个唯一的地址，称为统一资源定位符（URL），即我们平常所说的"网址"。然而，当创建内部链接时，系统一般不会指定被链接文档的完整 URL，而是指定一个相对于当前文档或站点根文件夹的相对路径。

下面是 Dreamweaver 允许使用的三种文档路径类型：

（1）绝对路径。

绝对路径就是被链接文档的完整 URL，包括所使用的传输协议（对于网页通常显示为 http：//）。例如，http：//www. macromedia. com/support/dreamweaver/main. html 就是一个绝对路径。在创建外部链接时，必须使用绝对路径。

（2）文档相对路径。

以当前文档所在位置为起点到被链接文档经由的路径。这是用于本地链接的最适宜的路径。例如，dreamweaver/main. html 就是一个文档相对路径。当要把当前文档与处在相同文件夹中的另一文档相链接，或把同一网站下不同文件夹中的文档相互链接时，就可使用相对路径。

指定文档相对路径时，省去了当前文档和被链接文档的绝对 URL 中相同的部分，只留下不同的部分。例如，要把当前文档与处在相同文件夹中的另一文档相链接，只要提供被链接文档的文件名即可；要把当前文档与一个位于当前文档所在文件夹中的子文件夹里的文件，要提供子文件夹名、前斜杠和文件名。要将当前文档与一个位于当前文档所在文件夹的父文件夹里的文件，在文件名前加上 ../（.. 表示上一级文件夹）。

（3）根相对路径。

根相对路径是指从站点根文件夹到被链接文档经由的路径。一个根相对路径以前斜杠开头，它代表站点根文件夹。例如，/support/tips. html 就是站点根文件夹下的 support 子文件夹中的一个文件（tips. html）的根相对路径。根相对路径是指定网站内文档链接的最好方法，因为在移动一个包含根相对链接的文档时，无须对原有的链接进行修改。使用 Dreamweaver，可以轻易地选择文档路径的类型来建立链接。

3. 创建链接的一般方法

使用属性检查器，可以把当前文档中的文本或图像链接到另一个文档。具体的操作步骤如下：

（1）选择窗口中的文本或图像。

（2）选择"窗口"→"属性"，打开属性检查器，如图 9 - 20 所示，并执行以下操作之一：

图 9 - 20　创建超级链接

①单击链接域右边的文件夹图标，浏览并选择一个文件。URL 域中显示被链接文档的路径。使用选择文件，点击对话框中的相对于弹出菜单，选择文档相对路径或根相对路径，然后单击选择。如图 9 - 21 所示。

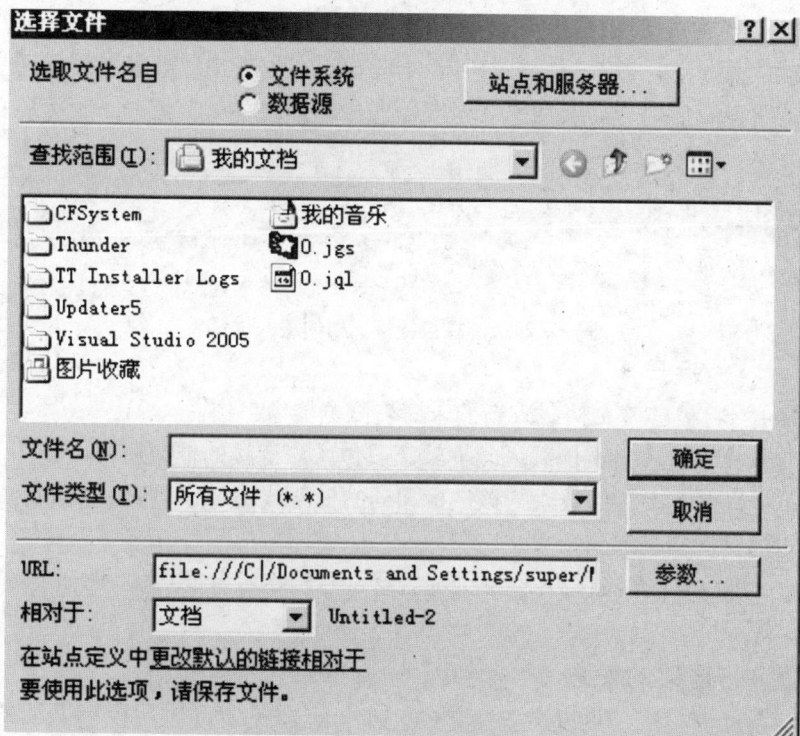

图 9 - 21　选择文件链接

需要注意的是，当修改路径时，Dreamweaver 把该项选择设置为以后创建的链接的默认路径类型，直至改变该项选择为止。

②在属性检查器的"链接"栏，输入要链接文档的路径和文件名，如图

9-22 所示。

要链接到当前站点中的另一个文档（内部链接），则输入文档相对路径或根相对路径；要链接到当前站点以外的文档（外部链接），则输入包含协议类型（如 http：//）的绝对路径。

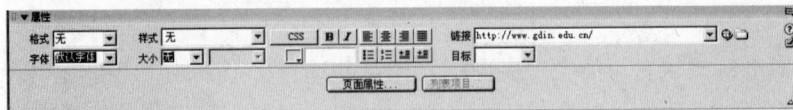

图 9-22　链接文档

（3）选择被链接文档的载入位置，如图 9-23 所示。

在默认情况下，被链接文档打开在当前窗口或框架中。要使被链接的文档显示在其他窗口或框架，需要从属性检查器的目标弹出菜单上选择一个选项：

图 9-23　选择被链接文档的载入位置

_blank：将被链接文档载入新的未命名浏览器窗口中。

_parent：将被链接文档载入父框架集或包含该链接的框架窗口中。

_self：将被链接文档载入与该链接相同的框架或窗口中（注：本目标是默认的，所以通常无须指定）。

_top：将被链接文档载入整个浏览器窗口并删除所有框架。

9.3.4　框架的使用

帧，是能够生成、可以独立变化的、在一定情况下可以用鼠标翻动的窗口。这些窗口被组合在一起来分解和组织显示内容，从而使得网页不仅仅在视觉上更有吸引力，而且更加容易使用。在许多方面，帧和表格十分相似，与表格不同的是，帧不仅仅组织数据，还需要组织浏览器的显示格式。实际上，它将浏览器的工作窗口分解成单个的、独立的方块或者更多帧。其中每一个帧都有自己的HTML 文件来作为显示的内容，而且每一个帧中的内容都相对独立于其他帧，不受其他帧内容的改变和事件的影响（比如用滚动条上下、左右滚动来浏览内容)。每一个帧都是独立的浏览器。

框架的作用就是把浏览器窗口划分为若干个区域，每个区域可以分别显示不同的网页。框架由框架集和单个框架组成。框架集是在一个文档内定义一组框架结构的 HTML 网页。框架集定义了一页网页显示的框架数、框架的大小、载入框架的网页源和其他可定义的属性等。单个框架是指在网页上定义的一个区域。

1. 创建框架集

创建框架集的方法有两个：

(1) 选择"修改"→"框架集"，从左、右、上或下拆分框架中选择格式项，如图 9 - 24 所示。

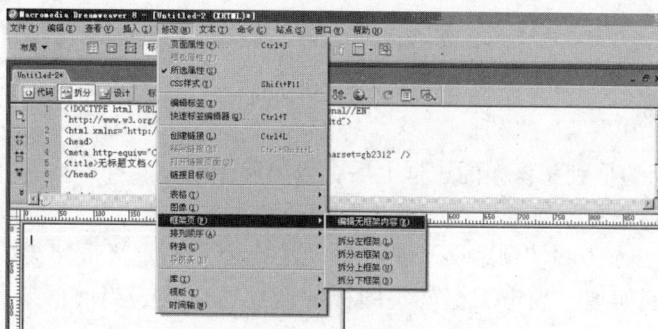

图 9 - 24　创建框架集

(2) 首先打开对象面板，选择对象面板中的框架，然后选择框架，如图 9 - 25 所示。

图 9 - 25　选定 Frames（框架）面板

当创建好框架后，想再进行局部化分割，可以用鼠标拖曳欲分框架区域的边框线，然后就可以垂直或水平分割框架文档。按住鼠标左键从一个角上拖曳框架边框，可以把设计视图（文档窗口）划分为四个框架，如图 9 - 26 所示。

235

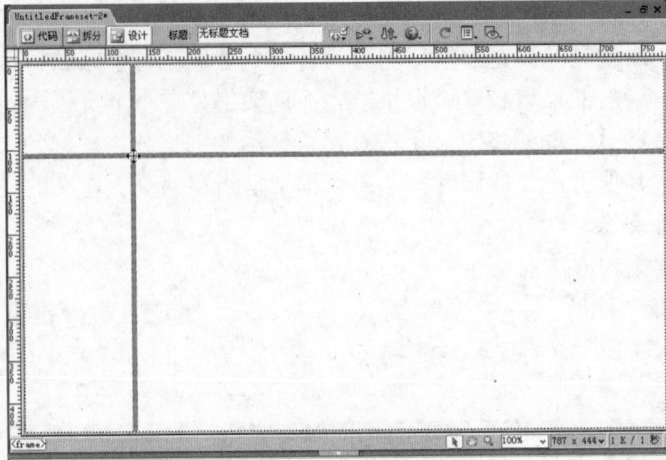

图 9-26　划分框架

拖曳框架边框到父框架的边框上后，可删除框架。

2. 插入预定义框架集

Dreamweaver 为我们预定义了 8 种框架集。使用预定义框架集，可以轻易地创建想要的框架集。预定义框架集图标的蓝色区域代表当前框架。如图 9-27 所示。

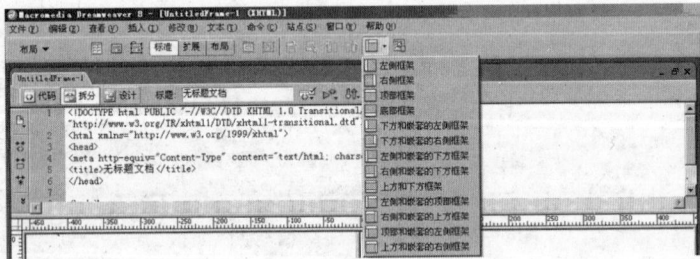

图 9-27　预定义框架

在文档中插入预定义框架集的步骤如下：

（1）把光标定位在设计视窗中。

（2）在框架嵌板上，单击想要的框架集图标或把图标直接拖入文档中。

（3）选择"插入"→"框架"，然后在子菜单上选择一种框架集类型。

图 9-28 所示的是选择"右侧和嵌套的顶部框架"得到的结果。

236

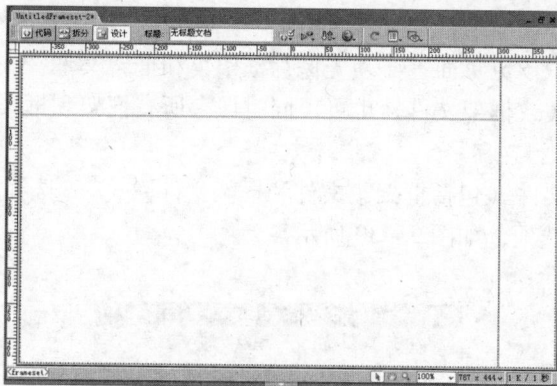

图 9 - 28　右侧和嵌套的顶部框架

3. 框架集文件及其保存方法

在创建框架一节中提到，框架由框架集和单个框架组成。框架集是定义一组框架结构的 HTML 网页，单个框架是指在网页上定义的一个区域。在这一节里，我们要深入研究框架和框架集文件及它们的保存方法。

首先，让我们新创建一个 Top Left（左上）框架集（![]），即在当前框架的左边添加一个窄小的框架，然后在两个框架的上面添加另一个框架，如图 9 - 29 所示。

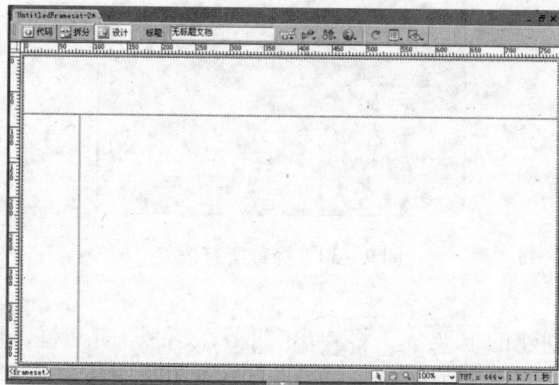

图 9 - 29　创建三个框架组建的框架集

图 9 - 29 所创建的框架集由三个框架组成。当把 Dreamweaver 文档拆分为框架时，Dreamweaver 就已为框架集和每个框架创建了独立的 HTML 文档。在图 9 - 29 设计视窗（文档窗口）中有三个框架页面，实际上包括了四个独立的文

237

件，即框架集文件和三个框架文件。

要在浏览器中预览页面，必须先保存框架集和框架文件。在保存过程中，可以分别保存框架集或框架文件，也可以同时保存所有框架和框架集文件，其方法如下。

要保存所有文件（包括框架集文件和框架文件），首先选择"文件"→"框架另存为模板"选项，如图9-30所示。

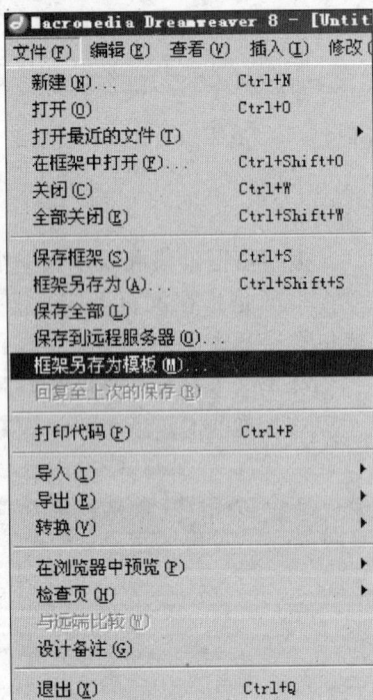

图9-30　保存所有框架

如果点击新创建的框架集，将弹出"保存文件"对话框。Dreamweaver 首先保存框架集文件。框架集边框显示选择线，在保存文件对话框的文件名域提供临时文件名 Untitled Frameset-1，用户可以根据自己的需要修改，然后单击保存按钮。

接着保存框架文件。文件名域中的文件名变为 Untitled Frame-4（依框架的个数不同而不同），设计视图（文档窗口）中的选择线也会自动移到对应的被保存的框架中，据此可以知道正在保存的是哪个框架文件。单击保存按钮，至所有文件保存完为止。

9.4 标准的 HTML 语言

现在让我们制作一些标准的 HTML 页面。

驾驭 Dreamweaver 的第一步是熟悉它的三个缺省工具条:对象工具条、属性工具条和进程工具条。用户可以控制网页的内容或者加载工具条,进一步修改网页。现在让我们用这三个工具条建造一个简单的网页。

先输入一些文本"The quick wary Shvatz jumps over the lazy Thau.",现在可以用属性工具条修改文本的属性,如图 9 – 31 所示:

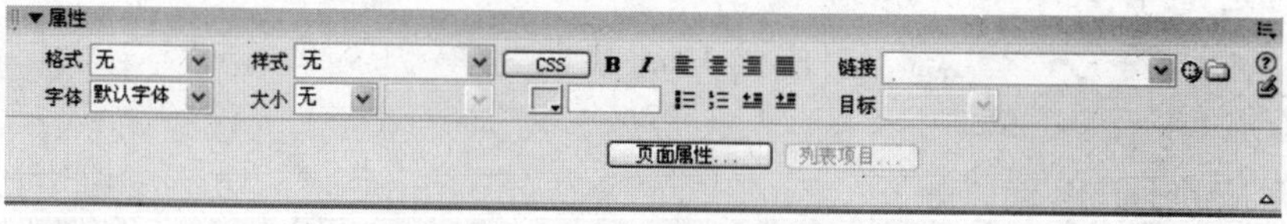

图 9 – 31 文本属性窗口

The quick wary Shvatz *jumps* over the lazy Thau.

以上的效果可用下面的工具实现:

黑体和斜体: **B** *I*,对应的 html 代码是: < b > < /b > < i > < /i >;

字体: 字体 默认字体,使用下拉菜单可以设置相应的字体;

对应的 html 代码是: < font face = "foo" > < /font >;

大小: 大小 无,对应的 html 代码是: < font size = "#" > < /font >;

颜色: #F8772B,对应的 html 代码是: < font" coF8772B" > < /font >;

链接: 链接,对应的 html 代码是: < a href = "foo". html >
< /a >;

相应的 HTML 如下:

< font color = "#66FF00" > The < /font >

< a href = "http://www. webmonkey. com/" > quick < /a >

< font face = "Georgia,Times New Roman,Times,serif" > wary < /font >

< b > Shvatz < /b >

< i > jumps < /i >

< font color = "#FF0000" > over < /font >

< font face = " Arial , Helvetica , sans – serif" > the < /font >

< font size = "5" > lazy < /font >

Thau.

用户可以用属性工具条修改整个文本的属性，也可以用它修改一段文本的属性：段落的对齐方式、列表的样式、缩进和标题。

The quick wary Shvatz jumps over the lazy Thau.

对齐方式： ▤ ▤ ▤ ▤ ，对应的 html 代码是： < p | div align = " left | center | right" > < /p | div >

列表： ▤ ▤ ，对应的 html 代码是： < ul > < li > < /li > < /ul > < ol > < li > < /li > < /ol >

缩进： ▤ ▤ ，对应的 html 代码是： < blockquote > < /blockquote >

格式： 格式 无 ▼ ，对应的 html 代码是： < h# > < /h# > < pre > < /pre >

对应的 HTML 代码如下：

< blockquote >

< ul >

< li >

< div align = " right" >

< pre > The quick wary Shvatz jumps over the lazy Thau. < /pre >

< /div >

< /li >

< /ul >

< /blockquote >

每个功能直接对应一个 tag 或一组 tag。因此当你插入 tag 时，你在 Dream-weaver 中插入的 tag 与在浏览器中的显示一样，这很重要，因为除了一两个特例，你不必跟踪任何特定的 tag 或注释。Dreamweaver 只是把 HTML 放在页面中，渲染用户要看到的 HTML。为了对此进行改进，可以用进程工具条。

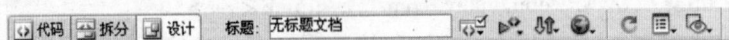

进程工具条是控制特定任务的工具，如 Site、Library、Styles、Behavior、Time Line 和 HTML 工具条。你可能会注意到进程中的图标也出现在文档窗口的底部，Windows 菜单中，它们也对应于功能键 F5 到 F10。弹出窗口换句话说，这

240

有点多余。不管怎么说，让我们先打开 HTML 工具条：

按"窗口"→"代码检查器"或 F10，弹出窗口如图 9－32 所示。

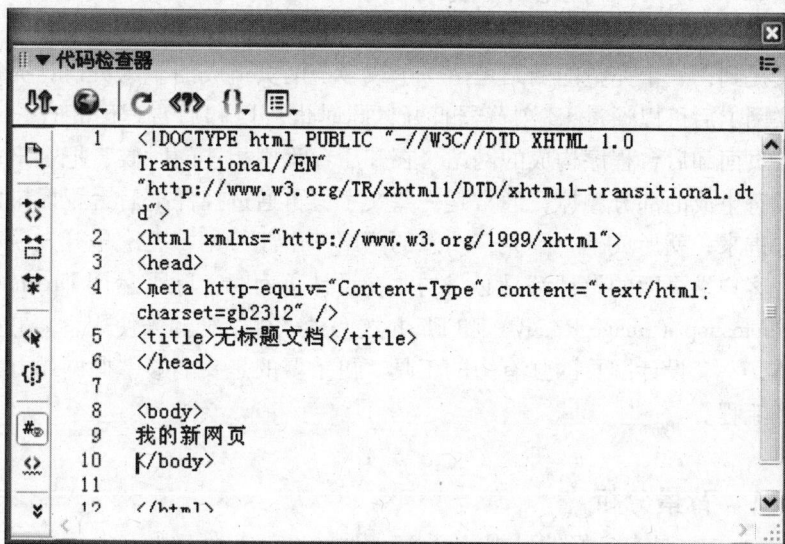

图 9－32　代码检查器

这是你的 HTML 页的源代码。如果你让它一直在 Dreamweaver 中打开，可以看到它的即时变化。在此窗口中敲入一些文本，然后回到主文档窗口。

结果不一定对，你可能会出错，如果出错，就可能看到 mistake。这不意味着你有一个 Dreamweaver 不能翻译的 tag. ＜mistake＞＜／mistake＞在 Dreamweaver 中是有效的，没有匹配的 tag 才会显示黄色。

你可能会注意到 HTML 窗口没有你期望的依赖 HTML 编辑程序的 super－duper multi－file，grep，regex，scriptable，macro 这些关键的东西。这是因为 Dreamweaver 被设计成符合已经存在的工具集，而不是替换它。点击"编辑"→"使用外部编辑器"按钮调用可选参数来定制扩展的编辑器。虽然 Dreamweaver 的商业版本与 PC 上的 Homesite 和 Mac 上的 BB Edit 捆绑在一起，但是它可以与大多数程序一起工作。回到 Dreamweaver，你的页面会刷新，在其他编辑器上做的修改会出现在你的页面上。

但是若非坚持老式的网络美学理论者，更多的网页设计者力图设计的网页不只是具有各种 HTML tag 的文本的堆积。他们希望有图像、applet、窗体、plug－ins、script 和其他使页面受欢迎的各种元素——这是对象工具条可以实现的功能，从这里，你可以插入其他 HTML 对象。

9.5 Dreamweaver 的创作技巧

上文提到，一个完整的网站是由一个或多个网页组成的。网页设计完后，上传到互联网上后可以通过 IE 浏览器打开，同时也可以和后台程序相连，形成一个客户端页面和后台程序构成的网站。在和后台程序相连的时候，把客户端页面中需要动态生成的部分删掉，通常是一些文字，再通过控件把后台程序中的程序文件添加进来，就形成了一个完全动态的网站。由此可见，无论是开发哪种类型的网站，客户端页面的设计都是必需的。在设计页面时，除了运用 Dreamweaver，还要把 Photoshop（Image Ready）和 Flash 这两种软件结合起来使用，将它们视为一个整体，一套设计网页的强有力的工具，更重要的是要能够掌握网站开发设计的方法和流程。

9.5.1 背景分析

Dreamweaver 具有良好的可视化环境，因此，它成为专业人士编写网页的最佳选择。根据 Macromedia 公司的调查，Dreamweaver 目前已累积有超过七十万名的使用者，占有率在网页编辑工具中居冠，预估 Dreamweaver 的使用群体还将持续增加。

在这种势不可挡的普及率席卷之下，可想而知 Dreamweaver 内置的功能可说是越来越多、越来越丰富、齐全。下面我们将介绍一些新增功能，使网页制作者能更快速地设计、更简单地编码和整合。以下共有十二项秘诀，分成四个主题。分别是：设计网页页面（Dreamweaver 里具有弹性的页面设计功能）、搭配 Macromedia 其他产品一起使用 Dreamweaver（制作动画和图片不求人）、自定义使用界面（享受个性化的使用体验）和加入 Dreamweaver 扩充程序（在网页中载入扩充高级功能）。

9.5.2 设计网页页面的秘诀

1. 让网页页面大小更有弹性

这种技巧称为"弹性延伸"，一些网页开发者称之为"liquid"。它可在访客浏览器窗口大小改变时随之调整网页页面大小，如此一来，如果窗口过大就不会有空白处；窗口过小边缘就不会跑出上下移动的拉条。其实大多数简单的网页会自动随着浏览器窗口的大小调整页面大小，但是如果网页里用到很多不同的框架及表格，网页页面大小就很难自动弹性地调整了。通常网页设计者会用混合运用固定宽度的框架和 GIF 图片作为间隔来设计网页页面，这样一来，不论是用 IE 浏览器或是用 Netscape 浏览器，页面大小都会固定而不会跑掉。

2. 创造个人调色板

Dreamweaver 新增的"Assetspanel"（属性控制面板）是一种可以在编辑网站时根据文件格式（如图片、样式等）来管理文件的新工具。

具体做法：当定义新站点时（点选"Site"→"NewSite"），所有类型的物体会自动增加到"Assets panel"里的相应表框中。这个新加入的"Assetspanel"属性控制面板里也有颜色框，储存网站里所用到的所有色彩，包括文字的颜色、背景的颜色，以及超链接的颜色等。这是一个为使用者量身定做的网站导航颜色盘。只要启动"Assetspanel"（先选"Window"再点"Assets"），接着点击左侧那个小小的色彩卷轴，就可以看到网站里各式各样的颜色选项。可以将这些颜色拉到某些特定选取的文字中。甚至当选择某种颜色时，画面上会出现这种颜色的十六进位值的色彩淡浓度和三原色对照码（RGB）。如果想将调色板工具栏缩小一点，可以将某些颜色加入到调色板的"我的最爱"中，只需将选取的颜色反白、点选窗口里一个叫作"新增到我的最爱"的按钮（最下方靠右的按钮），就可以完成了。

3. 制作弹出式菜单导航系统

从前，制作弹出式菜单导航系统（Pop‒up Menu Navigation System）要用到很多 Java Script 的语法和技巧，但是如果你有 Dreamweaver、Fireworks Studio，即可轻轻松松快速办到。

具体做法：首先打开 Fireworks 软件，选择某个图片，然后在"SetPop‒Up Menu"的对话框里点选"Insert Pop‒Up Menu"，可以输入项目（items）的名称并点"Plus"（加入）按钮来新增该项目。可以继续在跳出来的信息框里进行细项设置，例如设置该项目所要用的文字及超链接，当然也可以新增子菜单，并重新安排下一层的设置。完成时，点选"Next"（下一步），继续设置各种参数值，例如颜色、字体等。菜单完成后，既可以预览 HTML 语法，也可预览图像，再点"Finish"（完成）。这时，当鼠标移动到原来的图片时，会出现菜单系统的内容一览。接着将制作好的文件导出时，"Fireworks"会自动生成 Dreamweaver 需要用到的所有 HTML、Java Script，以及图像文件。

4. 让图片动起来

如果用户同时安装有 Dreamweaver 和 Fireworks Studio，这两种软件搭配的完美程度将会令你赞不绝口。即使用户不是专业的图片设计者，在设计网页时也多多少少想把一些 GIF 图片修改得活灵活现。Dreamweaver 可以让用户制作动画不求人。

243

具体做法：在标准窗口里选择要进行修改的图片，然后在"Property Inspector"里点选"编辑"（Edit）。如果安装的 Dreamweaver 里附有"Fireworks"，"Fireworks"就是 Dreamweaver 的预设图片编辑器，这时图片就会自动载入"Fireworks"。Fireworks 的画面会出现"Editing From Dreamweaver"这样的文字和图样，指示用户可以在 Dreamweaver 里进行图片编辑。在"Fireworks"里点选要编辑的图片，选择"Modify Animate Selection"。接下来完成"Animate dialogbox"里的设置，选定动画的帧数、动画移动的方向、透明度等设置。用户也可以点选"Frames"工具设置移动速度，选择"Object"面板来改变设置。要导出文件时，只要点选"Optimize"工具栏，在文件类型处选择"Animated GIF"。完成以后，"Fireworks"就会自动将图片以最佳化设置导出，并且自动将 GIF 图片更新，还会在 Dreamweaver 里将更新过的图片显示出来。点选"File Preview inBrowser"，这样就可以在浏览器里预览刚刚制作完成的可爱图片了。

5. 让按钮有闪动效果

Dreamweaver 中内置了一些 Flash 按钮，因此，Dreamweaver 也可以制作有闪动效果的 Flash 按钮物体。

具体做法：点选"Insert Interactive Images Flash Button"就可看到有哪些内置按钮。在对话框内，可以用鼠标指到想要使用的按钮形式，浏览其在浏览器里的效果如何。用鼠标指针选定要用的按钮形式，再依顺序输入参数，例如按钮上的文字、字形、颜色、超链接等，或是自设文件名。按下"OK"。接下来就会有一个"SWF"格式的文件产生，此文件会自动导入用户的网页中。按一下这个做好的文件，"Property Inspector"（属性明细）中会显示出文件的属性。文件属性显示出来时，如果扩展文件属性明细表，会出现"Play"（播放），点选之后可以不用打开浏览器就能预览按钮的闪动效果。

6. 制作流动文字

在网页中增加流动文字就像增加我们刚刚介绍的 Flash 按钮一样简单。相同地，不用安装 Flash，用 Dreamweaver 提供的新功能就可以轻松办到。这项新功能可以在避免软件冲突的便利情况下为网页增添一些浏览上与访客的互动性。

具体做法：点选"Insert Interactive Images Flash Text"，将参数设置一一填入（例如要更改效果的文字、字形、字体颜色及字体大小等）。

7. 更改键盘快捷键

Dreamweaver 可让使用者制定使用界面，这项设计十分人性化。举例来说，使用者可以通过编写程序或自行增加物体（object）的方式来更改菜单。利用 Dreamweaver 的"Keyboard Shortcut Editor"图形界面，可方便地更改键盘快捷键。

具体做法：点选"Edit Keyboard Shortcuts"，对话框将载入并显示出可以改动的快捷键一览表，让用户把快捷键改成自己习惯用的设置值。要改动快捷键，只要使用现行设置（Current Set）和命令栏（Command）的下拉菜单，在现有的命令中找到想要更改的命令，接着选取想要设置的快捷键，它就会出现在快捷键的列表中。另外，如果要增加快捷键设置，可以点选"Plus"，在键盘上敲入自己想使用的新快捷代表键，点选"改变"（Change）即可。同时，选取某快捷键、点选"移除"（Minus），就可以移除某个快捷键。

8. 重新设置网站窗口（Sitewindow）栏

只要从"Sitewindow"中点选"View File View Columns"，就可以自己查看网站（Siteview）栏的大小及出现方式。选取某一栏的名称，使用上下箭头重新调整，或不要勾选显示栏（Showfield）以隐藏该栏。另外，点选"Plus"按钮可以新增栏，并可以自创栏名。此外，用户也可以在下拉式菜单中选择现有的"note"来使栏和"Design Note"产生关联。

9. 查看网页源代码

当用户打开"Reilly Code Reference"（Window Reference）来检查属性或是浏览器的兼容性时，预设的窗口会以细小的字型显示出"参考设置值"。如果按下窗口右上方的右键（就在关闭按钮的下方），就会出现一排下拉式菜单，可以在这里选择原始代码字体的大小。选择大型字体比较不会"虐待"眼睛，因为这样看 HTML 源代码时就不用拿着放大镜看屏幕了。

10. 新增 Flash 按钮

在秘诀 5 中，我们介绍了如何用 20 种预设的按钮类型来制作 Dreamweaver 里的"Flash"按钮，这是不用另外安装其他文件或程序的方法。能实现此种功效的还有另一种方法，就是安装"Fireworks Buttons"，这种扩充功能和秘诀 5 有相同的效果。

具体做法：到"Exchange for Dreamweaver"（Dreamweaver 扩充功能交换中心），输入"Insta Graphics Extensions for Dreamweaver"关键字搜寻，然后再下载搜寻结果中那个大约 577 K 的文件。转换到 Dreamweaver，选择"Commands Manage Extensions"，再选择"File Install Extension"，就可以开始安装。一旦重新启动"Dreamweaver"，就可以看到六个新奇有趣的按钮格式，包括"Surfboard"及"Bulletbar"在内，这时只要使用"Insert Interactive Images Fireworks Button"命令，就可以制作出一个酷炫的按钮。用户也可以用"Commands Convert Bullets to Images"及"Commands Convert Text to Images"，上述两种方法都可以自动执行"Fireworks"。

11. 在网页中加入"设置成我的最爱"功能

具体做法：在"Exchange"里搜寻，就可以发现"Add to Favorites"的扩充功能，下载该文件，接着循相同步骤，由"Extension Manager"载入（Commands Manage Extensions、File Install Extension）。接着重新启动 Dreamweaver，这个新载入的扩充文件会在 Dreamweaver 里新增一项功能。如果在网页中加入这个"加入我的收藏集"的功能，使用者看到网站时，轻轻一按，就可以轻易地将网站加入他使用浏览器的"我的最爱"（或是个人书签）。此外，最炫的是也可以自定"我的最爱"名称，以及"我的最爱"名称前出现的小图示。需要注意的是，这项功能只支持 IE 4.0 以及更高版本的浏览器。只要选择"Windows"菜单里的"Behavior"面板，再到 IE 功能下拉菜单点选此项功能，即可轻松启动此酷炫的功能。

12. 超酷的图表

如果想制作表格，还要自己花时间逐字编写网页源代码吗？不需要了，因为已经有现成的了！

具体做法：到 Exchange 下载"Form Builder extension"，就有现成的，可让用户马上复制包含如国家、性别、婚姻状况、年龄层及其他目录的表格。到 Exchange 下载这个小巧（只有 11 K）的文件，然后由"Extension Manager"安装进来（Commands Manage Extensions，File Install Extension）。接着重新启动 Dreamweaver，点选"Insert Form Builder"，在"Insert Form Builder"中，你会找到这项扩充功能。点选之后会有一个对话框出现，显示出所有可以套用的格式菜单，实在方便。

【思考题】

1. 请阐述网页和网站的区别和联系。
2. 网站的组织方法有哪几种？它们各有哪些优缺点？
3. 网页命名规则有哪些？
4. 什么是超级链接？它的标签符号是什么？它具有哪些重要属性？
5. 在使用 Dreamweaver 制作网页中，如何插入图片等多媒体内容？
6. HTML 中表格标签的作用和用法是什么？
7. 请阐述 DIV 标签的作用和用法。
8. 请阐述绝对路径、文档相对路径和根相对路径的区别。

【实训题】

1. 使用 Dreamweaver 作为开发工具，设计和开发一个个人网站。
2. 为某个学校设计一个网站，要求运用前面学过的项目管理和软件工程知识，从需求分析开始，到系统设计、网站开发，再到系统测试，完整地实现整个多媒体项目生命周期。

参考文献

1. Adobe 公司. Adobe Premiere Pro CS3 经典教程. 北京：人民邮电出版社，2010

2. 林福宗. 多媒体技术基础（第三版）. 北京：清华大学出版社，2009

3. 林福宗. 多媒体技术课程设计与学习辅导. 北京：清华大学出版社，2009

4. 钟玉琢等. 多媒体技术基础及应用（第三版）. 北京：高等教育出版社，2009

5. 李艳萍等. Flash 动画设计基础与应用. 北京：人民邮电出版社，2009

6. 胡晓峰，吴玲达，老松杨，司光亚. 多媒体技术教程（第三版）. 北京：人民邮电出版社，2009

7. 秦洪杰，朱小葳. Photoshop CS3 基础与实例教程. 北京：清华大学出版社，2009

8. 缪亮. 多媒体技术实用教程. 北京：清华大学出版社，2009

9. 刘万年. 视音频处理技术. 南京：南京大学出版社，2009

10. 韩万江. 软件项目管理案例教程. 北京：机械工业出版社，2009

11. 梁露. 多媒体案例教程. 北京：清华大学出版社，2009

12. 孙印杰，姜凤茹，张聪品. Dreamweaver CS3 中文版应用教程. 北京：电子工业出版社，2009

13. ［美］项目管理协会. 项目管理知识体系指南. 王勇译. 北京：电子工业出版社，2009

14. 张海藩. 软件工程导论. 北京：清华大学出版社，2008

15. 谭贞军，刘斌. 中文版 Dreamweaver + Flash + Photoshop 网页制作从入门到精通. 北京：清华大学出版社，2008

16. 赵英良，冯博琴，崔舒宁. 多媒体技术及实用. 北京：清华大学出版社，2009

17. 张勃，周虹，王彦民，李会凯. 中文 Flash 基础与实例教程. 北京：研究出版社，2008

18. 孙立军. 动画创作技法. 北京：清华大学出版社，2008

19. 宗绪锋．多媒体制作技术及应用（第二版）．北京：中国水利水电出版社，2008

20. Adobe 公司．Adobe Photoshop CS 中文版经典教程．袁国忠等译．北京：人民邮电出版社，2008

21. 郭云波．中文 Photoshop CS3 标准教程．西安：西北工业大学出版社，2008

22. 齐从谦．多媒体技术及其应用（第二版）．北京：机械工业出版社，2008

23. 程明才，喇平，马呼各．典藏——Premiere Pro 2.0 视频编辑剪辑制作完美风暴．北京：人民邮电出版社，2008

24. 徐朝军．教育技术综合实践教程．北京：电子工业出版社，2008

25. 张正兰．多媒体技术及其应用．北京：北京大学出版社，2007

26. 曹燕．多媒体技术实训教程（第一版）．北京：机械工业出版社，2007

27. 韩纪庆，冯涛，郑贵滨，马翼平．音频信息处理技术．北京：清华大学出版社，2007

28. 杨津玲．多媒体技术与应用．北京：电子工业出版社，2007

29. 毛一心．多媒体技术与应用．北京：人民邮电出版社，2007

30. 杨清学，程远东．网络视频制作技术．北京：人民邮电出版社，2007

31. 赵子江．多媒体技术应用教程．北京：机械工业出版社，2007

32. 董建明．人机交互：以用户为中心的设计和评估．北京：清华大学出版社，2007

33. 王志俊．图形设计．北京：中国青年出版社，2007

34. 普雷斯曼．软件工程：实践者的研究方法．郑人杰等译．北京：机械工业出版社，2007

35. 王志军．多媒体教学软件设计与开发．北京：高等教育出版社，2006

36. 傅正义．实用影视剪辑技巧．北京：中国电影出版社，2006

37. 贺晓霞，吴东伟．Flash 动画制作基础练习和典型案例．北京：清华大学出版社，2006

38. 王红．动态 WEB 数据库技术．北京：中国水利水电出版社，2006

39. 周承芳等．多媒体技术与应用教程与实训．北京：北京大学出版社，2006

40. 于俊乐．图形图像设计教程．北京：清华大学出版社，2005

41. 郭亚军，金先级．人机交互．武汉：华中科技大学出版社，2005

42. 赵经成．网络教学课件制作．北京：人民邮电出版社，2004

43. 李逸波等．多媒体数据库技术．北京：机械工业出版社，2004

44. Adobe 公司．Adobe Photoshop CS 标准培训教材．北京：人民邮电出版社，2004

45. 班祥东．基于工作过程的《Photoshop 图形图像处理》学习领域课程的研究与开发．中国科技信息，2010（16）

46. 吕庆元．关于图形图像分辨率、色彩与输出的探讨．安徽地质，2007（4）

47. 吴军．网页艺术设计中的基础元素设计．现代交际，2010（6）

48. 王伟欣．浅谈设计界图形的概念．艺术与设计（理论），2010（5）

49. 刘艳梅．数字图像处理和获得高质量视频素材的研究．中国新技术新产品，2009（23）

50. 雷钢．多媒体课件图形图像素材的采集与处理．现代教育技术，2006（2）

51. 赵俊葆．Flash 动画及制作浅谈．现代电影技术，2010（11）

52. 游泽清．谈谈多媒体画面艺术理论．电化教育研究，2009（7）

53. 蒲静．Flash 动画的视觉艺术形式．魅力中国，2010（4）

54. 习化娜，王欣欣．浅析动画影片音乐的作用及表现形式．电影文学，2009（13）

55. 张立．动画音乐的类型与发展．电影文学，2008（8）

56. 曲国先，蔡丽娟．基于互联网络的动画设计研究．艺术与设计（理论），2008（1）

57. 宋岩峰．Flash 网络动画创意研究．科技传播，2010（5）

58. 马亮．论基于 Flash 动画技术的交互性动画在数字媒体中的应用．电脑知识与技术，2010（18）

59. 袁宁．Flash 动画在网页中的应用．电脑学习，2005（3）

60. 丁凯．浅谈网页设计的艺术表现形式．电脑知识与技术，2010（1）

61. 黄晓乾，陈超．网页设计原则与制作技巧．中国科技信息，2010（7）

62. 耿阳，孙志红．浅谈网页设计的形式和艺术风格．艺术与设计（理论），2009（3）

63. 徐长春．网页设计中人性化设计思考．科技信息，2009（3）

64. 黄华．网页设计与制作．电脑编程技巧与维护，2009（10）

65. 李安斌，曹巨江．新媒体时代的网页设计．艺术与设计（理论），2009（9）

66. 张亚妮．网页设计配色原理浅析．科技信息，2009（25）

67. 张园园．网页设计艺术浅述．中国科技信息，2010（12）

68. Sound Forge 9 基本教程，http://www.vtc.com/products/Sony – Sound – Forge – 9.html

69. Photoshop 教程，http：//www. webjx. com/Photoshop/index. html

70. 宇风多媒体，http：//www. yfdmt. com/

71. 闪客帝国，http：//www. flashempire. com/

72. 天极设计在线，http：//designyeskycom/

73. 5D 多媒体，http：//www. 5d. cn/

74. 中国设计在线，http：//www. oado. com/